U0345641

捉迷藏蛋糕

（日）下迫绫美 著
郭晓瑞 译

青岛出版社
QINGDAO PUBLISHING HOUSE

所谓的捉迷藏蛋糕是什么呢?

就是在其内部还隐藏着什么的蛋糕。

有可爱的主题设计、甜美的糖果、色彩缤纷的图案。

这个惊喜足以让你心潮澎湃。

到底里面藏着什么呢？期待餐刀切开的瞬间吧！

本书将为大家介绍三种蛋糕：多层夹心蛋糕、主题海绵蛋糕、插图磅蛋糕。另外，因为制作方法有难易之分，所以本书对全部蛋糕的难易度都作了记录。在特别的日子，先从简单的开始，尝试着制作一下你所珍爱的蛋糕。为了在切开蛋糕的那一瞬间看到某人惊喜的笑脸，就让我们用捉迷藏蛋糕来传递心意，创造快乐吧！

Contents

2 所谓的捉迷藏蛋糕是什么?
6 基本工具
8 基本材料

PART 1 基本的制作方法

10 海绵蛋糕胚
12 黄油蛋糕胚
14 染色的材料
15 面团的染色方法
16 黄油奶油的制作方法
18 鲜奶油的打发方法
奶油奶酪的打发方法
19 巧克力奶油的制作方法
20 奶油的涂抹方法
21 裱花袋的使用方法
22 Decoration Item 五瓣花的制作方法

PART 2 夹心蛋糕

26 Colorful Cake 彩虹蛋糕
28 Gradation Cake 渐变蛋糕
31 Colorful Stripe 彩色条纹
34 Checkerboard 双色棋盘
37 Checkerboard 四色棋盘

本书的使用方法

●使用L号大小的鸡蛋(净重60g,其中卵白40g,卵黄20g)。

●黄油要使用无盐黄油。

●烤箱要使用燃气烤箱。使用电烤箱要将温度升高10度。不过烤箱的种类不同温度也会有所变化,所以请依据情况调节温度。

PART 3

主题海绵蛋糕

41 Inside Love
爱在心中

44 用蛋糕屑制作蛋糕内馅

46 Sweet Ribbon
甜心小领结

49 Formal Bear
绅士小熊

53 Spring Garden
春色满园

57 Happy Halloween
快乐万圣节

61 Snow Forest
白雪森林

66 Berry Crash
莓莓大碰撞

69 Coffee Break
休闲咖啡

71 True Heart
真心告白

73 Kids Party
宝贝派对

74 Column 1
用剩余的蛋糕胚制作蛋糕球

PART 4

插图磅蛋糕

78 One Heart
一心一意

81 Cinderella Shoes
灰姑娘的水晶鞋

84 Dot Collection
三色圆点

85 Dot Collection
单色圆点

87 Twin Star
双子星

89 Kiss Me
吻我

91 Nightmare
噩梦来袭

92 Column 2
用剩余的蛋糕胚制作
捉迷藏杯形蛋糕

94 纸制模具

95 结束语

基本工具

制作蛋糕胚、奶油的工具

1. 筛子

用来过筛各种粉末。

2. 手动打蛋器

用来打发蛋白、奶油和搅拌材料等。

3. 钢盆

根据用途分为大中小不同的尺寸。

4. 电动打蛋器

用于将胚料或者奶油打发起泡。

5. 蛋糕胚模具

本书中使用的是直径为 11.6cm 的圆形烘焙模具，可以同时烤制 2~3 个蛋糕胚。

6. 磅蛋糕模具

本书中使用 18×8×6cm 规格的模具。

7. 烤箱纸

铺在圆形或者磅蛋糕模具内。

8. 橡胶刮铲

推荐具有耐热性的刮铲，使用起来更方便。

9. 裱花袋

有洗干净后可以重复使用的，也有一次性的，用于裱花装饰或放入面糊挤出造型。

10. 裱花嘴

在本书中，依据蛋糕装饰的不同，使用的裱花嘴种类也有所不同。

11. 电子秤

推荐使用能精确到 1g 左右重量的电子秤。

蛋糕塑形工具

1. 转台

裱花装饰蛋糕时使用。

2. 圆形切割模具

在本书中使用一套1~8号的圆形切割模具。

3. 分刀

用来将蛋糕胚切成细片。

4. 锯齿刀

把蛋糕胚切成大块儿时使用。在切涂过奶油的蛋糕时，切刀加热后能切得更干净。

5.6. 抹刀

平整蛋糕胚，涂抹奶油。分为大小不同的尺寸。

7. 量尺

用来测算蛋糕胚的尺寸。

8. 小碗

用来放入少量染色用的粉末等。

9. 勺子

将蛋糕胚削成半球形时使用。

10. 饼干模具

给蛋糕胚做造型时使用。

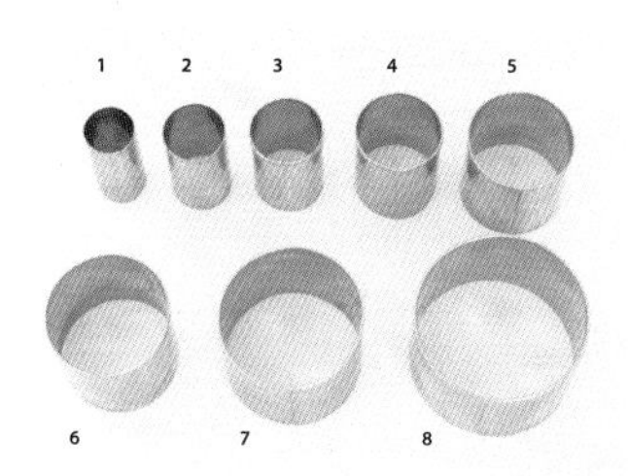

圆形切割模具

直径

1号=2.2cm	5号=4.7cm
2号=2.8cm	6号=5.2cm
3号=3.2cm	7号=6.0cm
4号=3.8cm	8号=7.2cm

基本材料

制作蛋糕胚的材料

1. 低筋面粉

因为蛋白质含量低，所以口感松软。

2. 黄油

本书中使用的是无盐黄油。

3. 染色粉

蔬菜或者水果制成的粉末，给蛋糕胚增添颜色或味道。在糕点材料店或者网上能买到。

4. 砂糖

使用不添加其他味道、甜味分明的上乘砂糖。

5. 鸡蛋

本书中使用的是L号大小的鸡蛋（净重60g，其中蛋黄20g、蛋白40g）。

6. 发酵粉

让面团膨胀的一种膨胀剂。本书中使用不含铝的发酵粉。

7. 牛奶

使用成分无调整的牛奶。想让面团保持润滑，可以加入牛奶。

装饰材料

请选择自己喜欢的材料进行装饰点缀。

本书中使用了银珠和糖珠（雪花结晶、彩色糖珠、彩色糖片）。

PART

1

How to Make Basic

基本的制作方法

捉迷藏蛋糕的蛋糕胚从大的方面可分为

海绵蛋糕胚和黄油蛋糕胚两种。

奶油有黄油奶油、鲜奶油等四种类型。

将这些材料染色就可以制作出各种各样的捉迷藏蛋糕。

海绵蛋糕胚

本书中制作的海绵蛋糕胚分为普通海绵蛋糕胚和插图用海绵蛋糕胚两种类型。区别在于材料中是否放入牛奶。制作方法完全相同，基本上都是两个同时烤制。

普通海绵蛋糕胚

材料（直径 11.6cm 圆形 2 个）

鸡蛋……180g（3 个）
砂糖……120g
低筋面粉……120g
黄油……30g
牛奶……15g

制作巧克力海绵蛋糕胚时

材料中的“低筋面粉……120g”更改为：
低筋面粉……100g
可可粉……20g
※ 与面粉混合时加入过多可可粉，面团将不会膨胀，所以要特别注意。

准备

○所有的材料要常温回暖。
○模具中铺好烤箱纸。
○低筋面粉过筛。
○准备热水。
○黄油与牛奶混合放入钢盆中，隔热水将黄油烫化。
○烤箱预热至 170℃。

烤箱纸的铺垫方法

将烤箱纸分别切成与模具底部相吻合的圆形以及大于 8cm（高）× 38cm（长）的长方形，镶嵌到各种各样的模具中。
※ 事先在模具的内侧涂上一层薄薄的黄油，这样烤箱纸会更容易吸附。

1. 打散鸡蛋，加入砂糖。

2. 将步骤 1 的材料隔热水加热，并用手动打蛋器将蛋液混合搅拌，打发的蛋液温度要稍高于肌肤温度。

3. 用电动打蛋器的高速模式将蛋糊打至起泡后，降为低速模式继续打 1 分钟左右，直至在蛋糊的表面整理出清晰的纹路。
※ 提起的蛋糊落下时能以丝条状叠加即可。

4. 将低筋面粉加入步骤 3 的蛋糊中，使其完全融合。用橡皮刮铲不停地翻转搅拌至干粉消失为止。

5. 在准备好的黄油和牛奶的小盆里用橡胶刮铲分两次将面糊放入，充分混合搅拌之后再全部倒入大盆里，搅拌均匀。

6. 用橡皮刮铲将面糊均匀地搅拌至光滑明亮的程度。

※ 提起的面糊滴落时能出现不间断的细条状即可。

7. 在两个模具中盛放等量的面糊，在预热的烤箱中烤制 30~35 分钟。

插图用海绵蛋糕胚

材料（直径 11.6cm 圆形 2 个）

鸡蛋……180g（3 个）
砂糖……120g
低筋面粉……120g
黄油……30g

准备 · 做法

与普通海绵蛋糕胚的制作方法相同，只是不需要加入牛奶。

制作黑巧克力海绵蛋糕胚时

材料中的“低筋面粉……120g”更改为：
低筋面粉……100g
可可粉……10g
黑可可粉……10g

※ 与面粉混合时加入过多可可粉，面团将不会膨胀，所以要注意。

黄油蛋糕胚

根据实际情况，黄油蛋糕胚也有烤制得较薄的时候。有时也会用染色粉或者染色剂进行着色。

材料（直径 11.6cm 圆形 2 个）

黄油……140g

砂糖……140g

鸡蛋……120g（2 个）

牛奶……10g

A | 低筋面粉……200g
  | 发酵粉……6g

准备

○所有材料室温回暖。

○模具中铺好烤箱纸。

○ A 部分的材料混合过筛。

○烤箱预热至 170℃。

黄油蛋糕胚和薄黄油蛋糕胚

2 个黄油蛋糕胚的材料可以做 4 个薄些的黄油蛋糕胚。

黄油蛋糕胚 2 个 **薄黄油蛋糕胚 4 个**

烤箱纸的铺垫方法

将烤箱纸切成与模具底部相吻合的圆形以及大于 8cm（高）×38cm（长）的长方形。薄黄油蛋糕胚的高度则与模具一致。将剪切好的烤箱纸镶嵌到各种各样的模具中。

※ 事先在模具的内侧涂上一层薄薄的黄油，这样烤箱纸会更容易吸附。

1. 用橡皮刮铲将黄油搅拌至没有结块的状态，再加入砂糖，充分混合。

2. 用电动打蛋器的低速模式，将步骤 1 的材料打至蓬松、颜色发白的状态。

3. 把打散的蛋液先后分 8 次少量加入，每次都用打蛋器的低速模式搅拌融合。

4. 放一半材料 A，用橡皮刮铲搅拌均匀。

5. 在干粉残留处加入牛奶，混合搅拌。

6. 将剩余的材料 A 加入，搅拌至干粉消失，面团光润明亮。

7. 在两个模具中放入等量的面团，平整表面。在预热的烤箱中烤制大约 35 分钟。

※薄黄油蛋糕胚则烤制大约 30 分钟。

染色的材料

向大家介绍下染色的材料，使用这些染色材料为面团或者奶油染色吧。

染色粉种类

将蔬菜、水果等制成粉末，成为天然色素，还有可可粉、抹茶粉等。染色粉不仅能为蛋糕染上淡淡的颜色，还可以增添各种味道。

草莓粉

紫薯粉

可可粉

黑可可粉

抹茶粉

南瓜粉

蓝莓粉

胡萝卜粉

食用色素

化学合成的食用色素，少量使用即可充分上色。

圣诞红

橙色

淡蓝色

面团的染色方法

结合颜色、操作过程，面团的染色方法可分为三种。

染色粉与其他粉类一起过筛

在准备阶段，将低筋面粉、发酵粉等粉类与染色粉混合，过筛。

染色粉与面团一起混合

在烘烤之前将染色粉与面团混合。一次想要染多种颜色可以用这个方法。光滑的面团制作好之后，根据需要的量小份分开，逐个染色。

面团里添加食用色素

只用染色粉染出的颜色如果比较浅，可以添加食用色素。少量使用即可很好地上色，所以可以用牙签一端上色，与面团一点点混合后确认颜色状况。

有关颜色的调配

本书对染色材料的分量会有大致记录。但由于制造厂商不同，同种类型的染色粉最后显现出的颜色也会有所不同。

根据喜好调整颜色时，染色粉的分量不变，食用色素的分量可以有所变化，同时一定要仔细观察确认颜色的变化情况。

黄油奶油的制作方法

裱花装饰时需要制作很多奶油，用在蛋糕胚之间时则少量即可，制作方法也比较简单。请根据需要的量选择合适的制作方法。

材料（大约 210g）

蛋白……60g

细砂糖……60g

黄油……100g

准备

○黄油常温回暖软化。

○准备热水。

1. 在钢盆中放入蛋白和细砂糖，用手动打蛋器充分搅拌，使它们完全混合。

2. 将钢盆放在小火的热水盆上，为了不让蛋白凝固，用打蛋器不停搅拌，用手触碰蛋液时感觉温度在 50℃ ~55℃即可。

3. 将钢盆从热水上取下，用电动打蛋器的高速模式趁热将蛋清打至蓬松，到提起蛋清能立起为止。

4. 逐次少量加入黄油，每次都用电动打蛋器充分搅拌，混合均匀。如果过程中奶油有分离的现象，加入剩下的黄油充分搅拌的话能将其重新聚拢。

5. 黄油充分融合之后，用电动打蛋器的低速模式进一步搅拌，出现柔软的奶油状即可。

简易黄油奶油

材料（大约 100g）

黄油……50g

细砂糖……50g

准备

○黄油室温回暖软化。

1. 黄油放入钢盆中，用电动打蛋器将其打至蓬松柔软状态。

2. 加入细砂糖，将整体打发至发白状态。

黄油奶油的染色方法

1. 将与体温相当的牛奶加入染色用的粉末中。

※ 加入凉牛奶的话染色粉化不开。

2. 用手动打蛋器把材料充分搅拌至糊状。

3. 将步骤2中的材料加入奶油中，充分搅拌混合。

4. 颜色太淡的话可以添加食用色素。

不同颜色的奶油配制材料分量

草莓奶油

材料（约60g）

奶油……50g

牛奶……1.5小勺

草莓粉……4g

食用色素（圣诞红）……适量

南瓜奶油

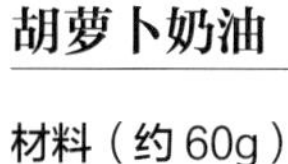

材料（约60g）

奶油……50g

牛奶……2小勺

南瓜粉……4g

胡萝卜奶油

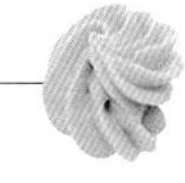

材料（约60g）

奶油……50g

牛奶……1.5小勺

胡萝卜粉……4g

抹茶奶油

材料（约55g）

奶油……50g

牛奶……1小勺

抹茶粉……2g

蓝莓奶油

材料（约60g）

奶油……50g

牛奶……1.5小勺

蓝莓粉……4g

食用色素（淡蓝色）……适量

※ 加入柠檬汁颜色会更好看。染色粉糊与奶油混合后再加入柠檬汁。

鲜奶油的打发方法

涂抹蛋糕胚或者挤花时要把鲜奶油打发至七八分。临使用前再打发奶油，涂抹或挤花会更顺畅。

材料（大约 220g）

鲜奶油（乳脂含量 45%~47%）……200g
砂糖……20g

准备

○准备冰水。

把所有的材料放入钢盆中，隔冰水保持低温，用电动打蛋器或者手动打蛋器搅拌，打至起泡。

（七分发）
用打蛋器提起奶油时，奶油前端会出现三角状，再缓慢流落。

（八分发）
缓慢提起打蛋器，前端出现的小三角比七分发更加清晰，三角的尖端部分会轻轻流落。

奶油奶酪的打发方法

与奶酪蛋糕、磅蛋糕是最佳搭配。

材料（大约 400g）

奶油奶酪……200g
细砂糖……100g
黄油……100g

准备

○黄油与奶油奶酪在室温下回暖软化。

1. 钢盆中放入奶油奶酪和细砂糖，用刮铲搅拌使其完全融合。

2. 用电动打蛋器将材料打至蓬松柔软状态。

3. 加入黄油，继续搅拌至整体颜色发白。

巧克力奶油的制作方法

先将巧克力融化，然后与其他材料混合均匀。注意不要有未化开的巧克力硬块残留。

材料（大约 220g）

甜巧克力……100g
鲜奶油（乳脂含量 35%~36%）……100g
黄油……20g

准备

○黄油在室温下回暖软化。
○准备热水。

1. 将巧克力放入钢盆中，隔热水融化一半左右。

2. 锅中放入鲜奶油，中火加热。四周咕嘟咕嘟沸腾之后从火上取下。

3. 将步骤 2 的奶油慢慢地倒入步骤 1 的锅中，放置 1 分钟左右。
※ 巧克力会进一步融化。

4. 用刮铲从中心部分慢慢地将材料搅拌至光滑的状态。
※ 注意不要让空气进入溶液中。如果有巧克力的硬块残留，隔温水加热使其进一步融化。

5. 加入黄油，搅拌至整体完全融合。

6. 放置在凉爽的地方并时不时搅拌，将其调整成容易涂抹的硬度。
※ 如果室内温度太高要将其放置在冰箱中。

奶油的涂抹方法

在此介绍所有奶油通用的基本的涂抹方法。依据装饰的不同，涂抹的厚度会有所区别。

薄薄地涂抹

用裱花袋进行装饰时奶油要涂得薄一些。

1. 蛋糕胚放在旋转台上，上面涂上奶油。用抹刀将奶油铺开抹平。

2. 一边旋转转台，一边用抹刀将奶油均匀地薄薄地涂开。多余的奶油从侧边刮掉。

3. 抹刀纵向沿着侧面，一边旋转转台一边均匀地薄薄地涂开奶油。奶油不足时，从侧面添加。

4. 把顶面溢出的奶油用抹刀向中间聚拢平整。

厚实地涂抹

不进行裱花装饰时，将奶油涂抹得厚实一点儿。

5. 在步骤 4 的蛋糕上面再一次放上奶油，旋转转台，同时用抹刀将奶油均匀地涂抹开。

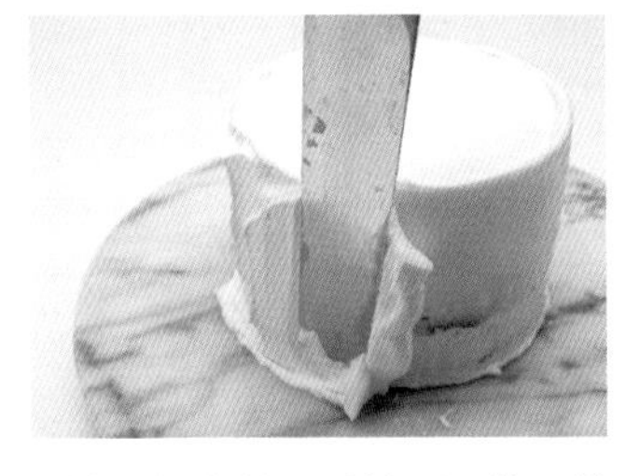

6. 旋转转台的同时抹刀沿着蛋糕的侧面将奶油涂抹得厚度均匀。

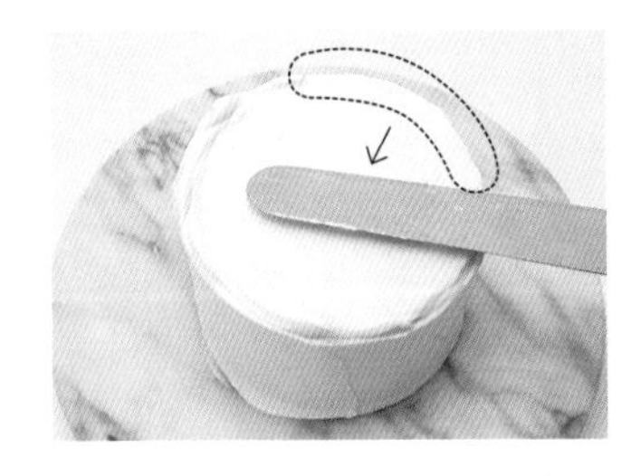

7. 把顶面溢出的奶油用抹刀向中间聚拢平整。

8. 用奶油将蛋糕均匀包裹起来即告完成。

奶油涂抹方法的区别

用裱花袋进行装饰时，奶油要涂抹得薄一些。反之，要涂得厚一点儿。另外，用抹刀制作造型花纹时，也要先涂上厚厚的一层奶油。

裱花袋的使用方法

进行裱花装饰时使用。另外，也可以将烘焙之前的面糊放入其中挤出造型。

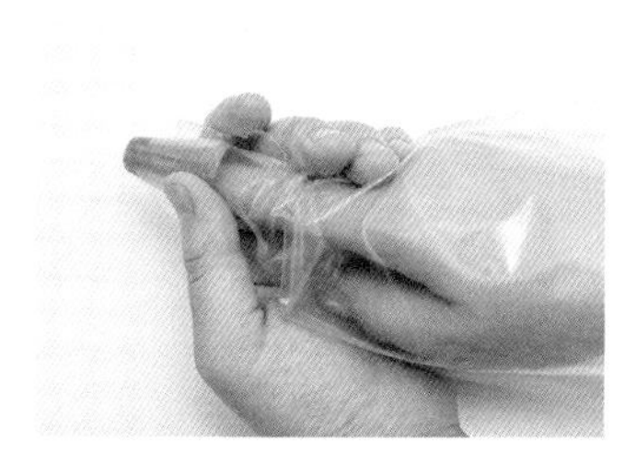

1. 将裱花袋前端切掉一个小口，手指放入裱花嘴中穿过洞口。

※ 如果洞口过小，要进一步切大洞口直至与裱花嘴的尺寸相符合。

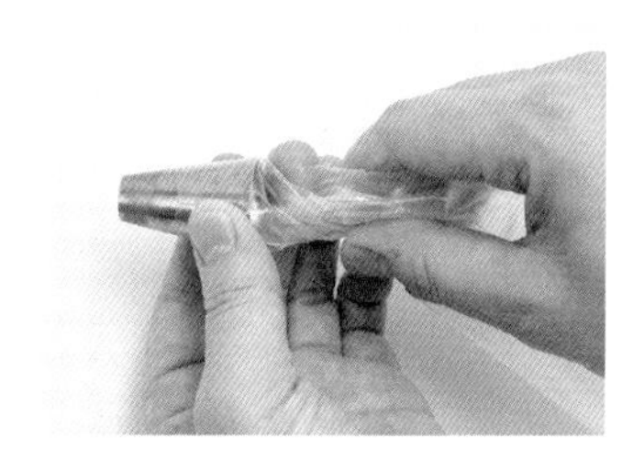

2. 将裱花嘴入口部分的袋子拧紧。

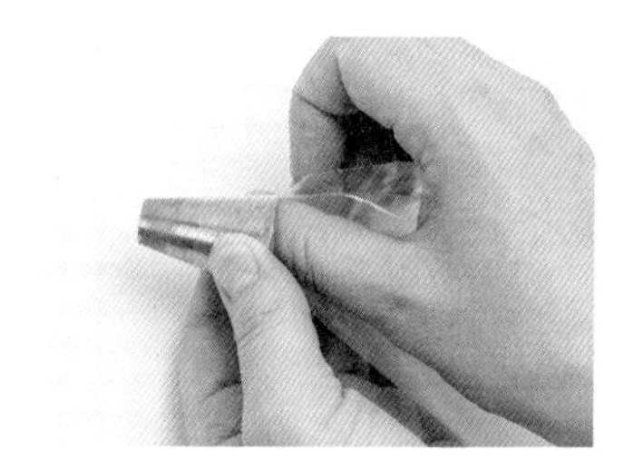

3. 为了不让装入的奶油溢出，用拇指将拧紧的部分按压进裱花嘴内。

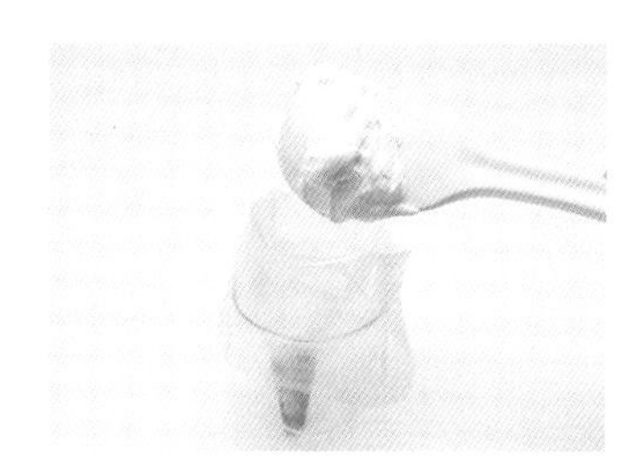

4. 将裱花嘴的顶端立入杯子中，展开裱花袋，放入奶油或面糊。

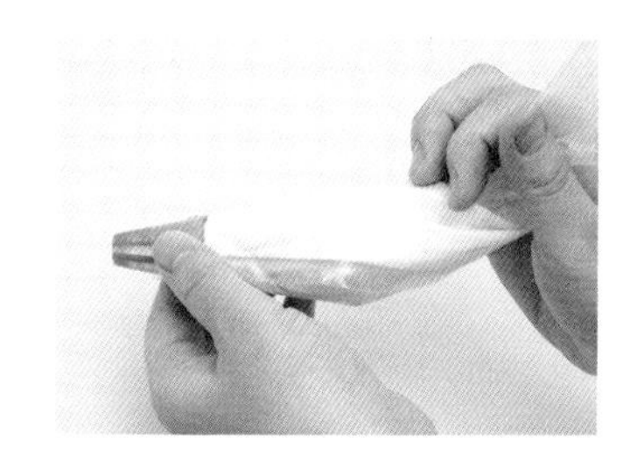

5. 用惯用的拇指与食指旋转拧紧裱花袋的尾端部分，将奶油向裱花嘴的方向挤压。另一只手捏紧裱花嘴。

裱花嘴的种类

本书主要用到以下六种裱花嘴。

圆口裱花嘴

星形裱花嘴（花形裱花嘴）

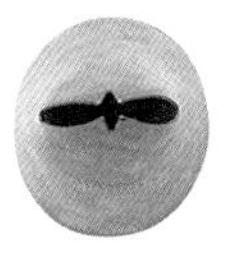

叶子裱花嘴

玫瑰裱花嘴

青草裱花嘴

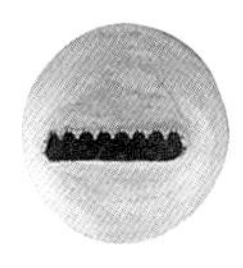

单排裱花嘴

Decoration Item

五瓣花的制作方法

准备的物品

染色的黄油奶油
→参考 p.16、p.17
※ 只用食用色素进行染色也可以。
玫瑰裱花嘴
裱花钉
OPP 纸

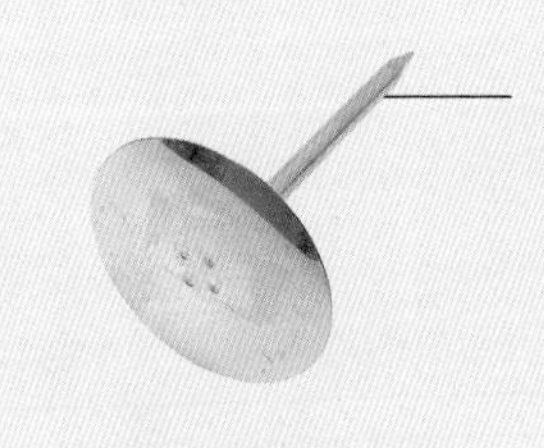

裱花钉

用糖衣等制作花的部件时使用的道具。可以在糕点用品店购买。

OPP 纸

透明的玻璃纸，将其修剪成方便使用的形状。

1. 将裱花袋与玫瑰裱花嘴安装组合，装入奶油。

2. 在裱花钉上涂抹少量的奶油，然后将剪切成边长为 3cm 正方形的 OPP 纸固定在上面。

3. 裱花嘴开口大的那面朝下，并以此为轴心，在裱花钉中间逆时针缓缓转动，同时右手轻轻挤出奶油，并上下适当起伏，保证花瓣的外围有圆弧状，制作第一枚花瓣。

4. 把裱花嘴开口大的那面插入第一枚花瓣下面，按照相同的原理制作第二枚花瓣。

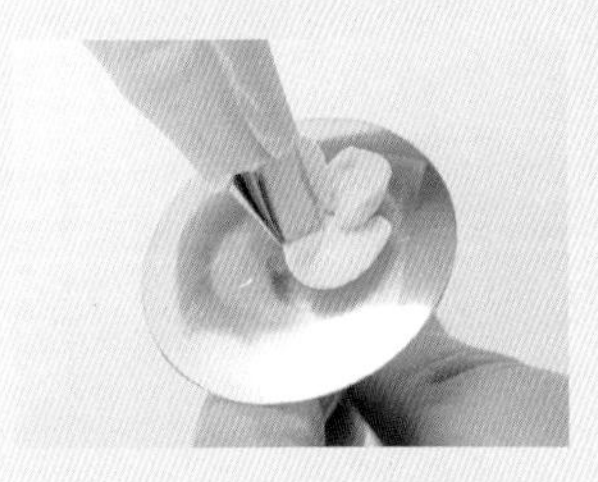

5. 用相同的原理制作第三、第四枚花瓣。

6. 制作最后一枚花瓣时裱花嘴要稍微立起一些，面向中心快速切断。

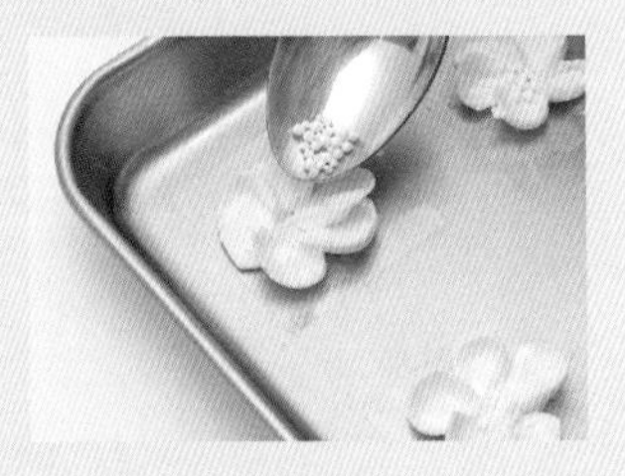

7. 将 OPP 纸铺在方平底盘上或者其他盘子里，放上花瓣，花瓣中心放入白色糖珠，看起来像花蕊一样。放入冰箱 30 分钟以上，冷冻固定造型。

PART

2

Layer cake

夹心蛋糕

高高的纯白蛋糕，

用餐刀切开后，展现出层层丰富的色彩。

那种华丽感会让你情不自禁地发出“哇”的一声。

用来庆祝生日或者举办宴会简直是再合适不过了。

蛋糕胚的颜色多样时，可分开数次烤制。

Colorful Cake

彩虹蛋糕

Gradation Cake

渐变蛋糕

Colorful Cake

彩虹蛋糕

难易度：★★★☆☆

六种颜色的蛋糕胚分两次烤制，奢华至极。成为生日宴会的话题！

材料（直径约 13cm）

黄油蛋糕胚（薄）3 个 <第一回>

黄油……105g
砂糖……105g
鸡蛋……90g（1.5 个）
牛奶……7g
A | 低筋面粉……150g
A | 发酵粉……4g

染色

第一层：蓝莓粉……8g
食用色素（淡蓝色）……适量
第二层：胡萝卜粉……8g
食用色素（橙色）……适量
第三层：抹茶粉……3g

黄油蛋糕胚（薄）3 个 <第二回>

黄油……105g
砂糖……105g
鸡蛋……90g（1.5 个）
牛奶……7g
A | 低筋面粉……150g
A | 发酵粉……4g

染色

第四层：南瓜粉……8g
第五层：紫薯粉……8g
柠檬汁……半勺
第六层：草莓粉……3g
食用色素（圣诞红）……适量

黏合 · 装饰

奶油奶酪
……约 450g →参考 p.18

准备

○所有材料放至常温下。
○烤箱纸铺在模具中（参考 p.12）。
○ A 部分的材料混合过筛。
○烤箱预热至 170℃。
○制作奶油奶酪。

1. 参考 p.12、p.13 “黄油蛋糕胚” 步骤 1 到步骤 6 的制作方法，制作第一回的光滑面团。

2. 将做好的的面团三等分，逐个进行染色。染色粉过筛，加入面团中与面团混合。

3. 制作蓝莓粉、胡萝卜粉面团时要边观察颜色的变化边酌情添加食用色素。

（烤制之前各个面团的颜色）

4. 将面团分别放入模具中，平整表面。

5. 在预热的烤箱中烤制约 30 分钟，3 块同时烤制。然后从模具中取出蛋糕胚，放置在冷却架上等待变凉。

6. 用与第一回相同的方法制作第二回的面团，然后三等分，逐个染色。制作草莓粉面团时边观察颜色的变化边酌情添加食用色素，混合搅拌。

※ 制作紫薯粉面团时加入柠檬汁成色会更好，但要等染色粉与面团充分混合后再加入。

（烤制之前各个面团的颜色）

7. 将面团分别放入模具中，平整表面。

8. 在预热的烤箱中烤制约 30 分钟，3 块同时烤制。然后从模具中取出蛋糕胚，放置在冷却架上等待变凉。

9. 将烤制好的蛋糕胚分别按照 2~2.5cm 的厚度横向切开。

10. 除第一层（蓝莓）以外，其他几层蛋糕胚都要把底部的茶色部分薄薄地切掉。

第一层（蓝莓） 第二层（胡萝卜） 第三层（抹茶）

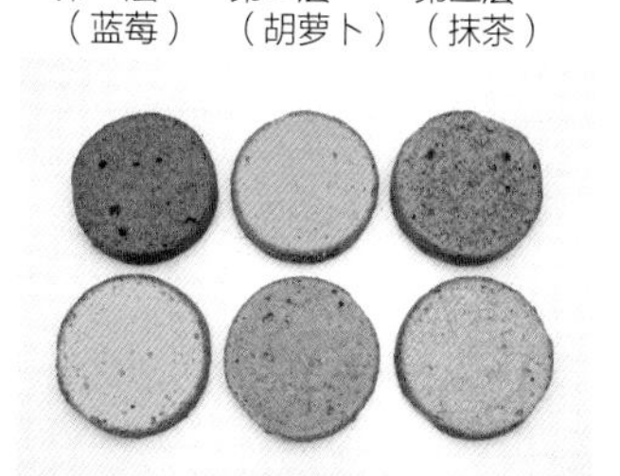

第四层（南瓜） 第五层（紫薯） 第六层（草莓）

（叠加之前各层情况）

11. 在第一层的上面涂上奶油奶酪，然后叠加第二层。

12. 按照前面的方法在两层之间涂抹奶油奶酪，叠加蛋糕胚，一直到第六层。

装饰

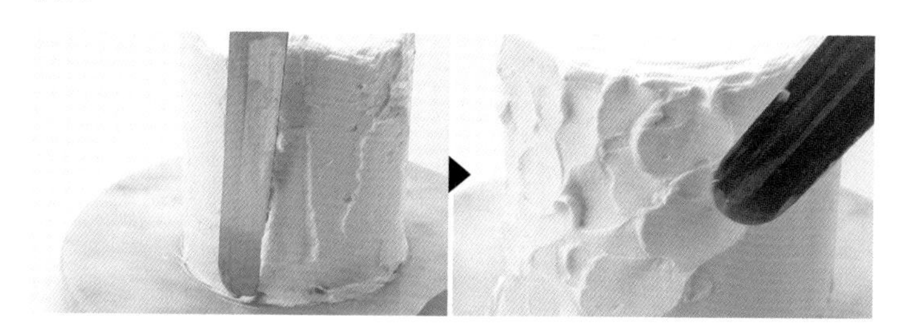

13. 在叠加好的蛋糕胚表面涂抹奶油奶酪（参考 p.20）。用抹刀吧嗒吧嗒给整个蛋糕抹出不规则的图案。

Gradation Cake

渐变蛋糕

难易度：★★★☆☆

制作香甜的粉色渐变蛋糕，染色深浅是关键。

材料（直径约 13cm）

黄油蛋糕胚（薄）3 个 <第一回>

黄油……105g

砂糖……105g

鸡蛋……90g（1.5 个）

牛奶……7g

A
- 低筋面粉……150g
- 草莓粉……23g
- 发酵粉……4g

染色

食用色素（圣诞红）……适量

黄油蛋糕胚（薄）3 个 <第二回>

黄油……105g

砂糖……105g

鸡蛋……90g（1.5 个）

牛奶……7g

A
- 低筋面粉……150g
- 草莓粉……23g
- 发酵粉……4g

染色

食用色素（圣诞红）……适量

黏合・装饰

奶油奶酪

……约 550g →参考 p.18

裱花嘴 星形裱花嘴

准备

○所有材料放至常温下。

○烤箱纸铺在模具中（参考 p.12）。

○ A 部分的材料混合过筛。

○烤箱预热至 170℃。

○制作奶油奶酪。

1. 参考 p.12、p.13 “黄油蛋糕胚” 中步骤 1 到步骤 6 的制作方法，制作第一回的草莓粉面团。

2. 将做好的面团三等分，其中一个保持原样，另外两个边观察颜色的变化边用食用色素染成深浅不一样的颜色。

（烤制之前各个面团的颜色）

3. 将面团分别放入模具中，平整表面。

※ 为了方便第二次染色，烤制之前取少量的面团留作参考。

4. 在预热的烤箱中烤制约 30 分钟，3 块同时烤制。从模具中取出蛋糕胚，放置在冷却架上等待变凉。

5. 用与第一回相同的方法制作第二回的面团，将其三等分，并用食用色素将三层染成深浅不一的颜色。

（烤制之前各个面团的颜色）

6. 将面团分别放入模具中，平整表面。

7. 在预热的烤箱中烤制约 30 分钟，3 块同时烤制。从模具中取出蛋糕胚，放置在冷却架上等待变凉。

8. 每个蛋糕胚都按照 2~2.5cm 的厚度横向切开。

9. 除第一层以外，其他几层蛋糕胚都要把底层的茶色部分薄薄地切掉。

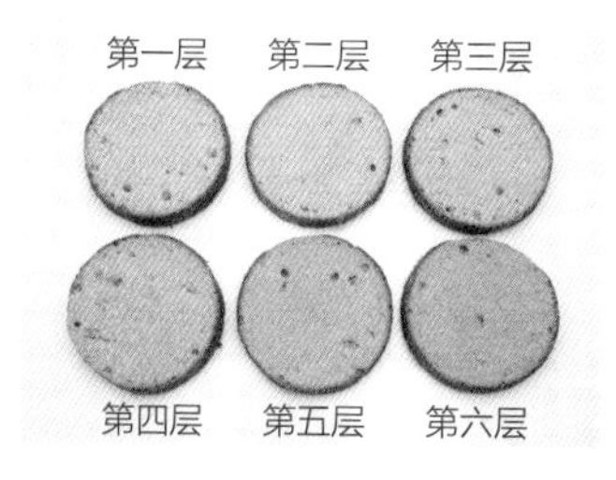

（叠加之前的各层）

10. 在第一层的上面涂上奶油奶酪，然后叠加第二层。

11. 按照前面的方法在两层之间涂抹奶油奶酪，叠加蛋糕胚，一直到第六层。

装饰

12. 在叠加好的蛋糕胚表面薄薄地涂一层奶油奶酪（参考 p.20）。裱花袋与星形裱花嘴组合好，装入奶油。在蛋糕侧面像画漩涡一样反复挤出一朵朵漂亮的花加以装饰。

※ 做花的诀窍是挤的时候不要留有空隙。

13. 与侧面相同，在蛋糕胚的上面从四周开始反复挤出朵朵花的图案。

Colorful Stripe

彩色条纹

难易度：★★★☆☆

用染色后的奶油作为夹心，制作色彩丰富的蛋糕。

材料（直径约 13cm）

普通海绵蛋糕胚……2 个
→参考 p.10、p.11

夹心

第一层：蓝莓奶油
第二层：抹茶奶油
第三层：南瓜奶油
第四层：胡萝卜奶油
第五层：草莓奶油
……各 25~30g →参考 p.16、p.17

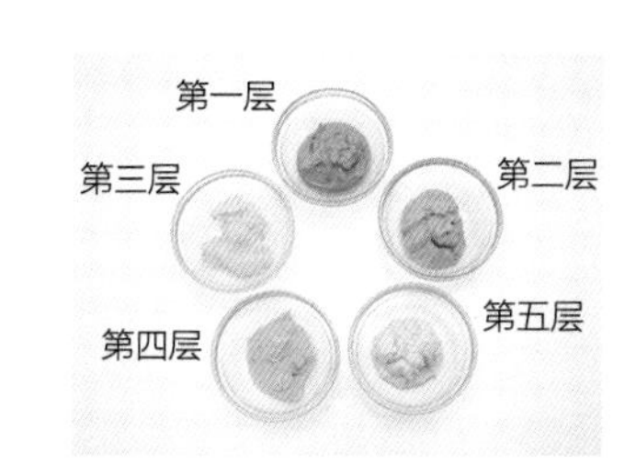

装饰

黄油奶油……约 300g →参考 p.16
彩糖（彩糖片）……适量

准备

○制作普通的海绵蛋糕胚，冷却放置。
○制作黄油奶油。

1. 把海绵蛋糕胚按照 2~2.5cm 的厚度横向切开。除第一层以外，其他几层蛋糕胚都要把底部的茶色部分薄薄地切掉。

2. 在第一层上涂抹蓝莓奶油，然后叠放第二层。

3. 按照前面的方法在各层之间涂抹不同颜色的奶油，叠加蛋糕胚，一直到第六层为止。

4. 在叠加好的蛋糕胚表面涂抹装饰用的奶油（参考 p.20），在蛋糕顶面的边缘处撒一些彩色糖片。

Checkerboard

双色棋盘

Checkerboard

双色棋盘

难易度：★★☆☆☆

和谐有趣的格子图案，不同色彩交叉排列，活力十足。

材料（直径约 13cm）

黄油蛋糕胚 2 个

黄油……140g

砂糖……140g

鸡蛋……120g（2 个）

牛奶……10g

A 低筋面粉……200g
　发酵粉……6g

染色 *

抹茶粉……6g

黏合・装饰

奶油奶酪……约 280g →参考 p.18

＊制作抹茶以外的面团时，材料的“染色”要进行如下替换。

南瓜

南瓜粉……15g

紫薯

紫薯粉……15g

柠檬汁……1 小勺

※ 加入柠檬汁后呈现的颜色会更好，但要在染色粉与面团充分混合后加入。

草莓

草莓粉……15g

食用色素（圣诞红）……适量

※ 等草莓粉与面团充分混合后再添加食用色素，并注意观察颜色的变化情况。

p.32、p.33 的照片从左至右分别为“南瓜 & 原色”
“抹茶 & 原色”“紫薯 & 草莓”的组合。“紫薯 & 草莓”组合时，在步骤 2 中先将面团二等分，再分别染色。

准备

○所有材料放至常温下。

○模具中铺烤箱纸。

○将 A 部分的材料混合过筛。

○烤箱预热至 170℃。

○制作奶油奶酪。

1. 参考 p.12、p.13“黄油蛋糕胚”中步骤 1 至步骤 6 的制作方法，制作光滑的面团。

2. 将制成的面团等分，其中一个放入过筛后的抹茶粉，混合搅拌。另一个原封不动。

3. 将两个面团分别放入模具中，平整表面。

4. 在预热的烤箱中烤制约 35 分钟后从模具中取出蛋糕胚，放到冷却架上，静等变凉。

5. 将每个蛋糕胚横向切成均等的两块，每块厚度均为 2.5cm。

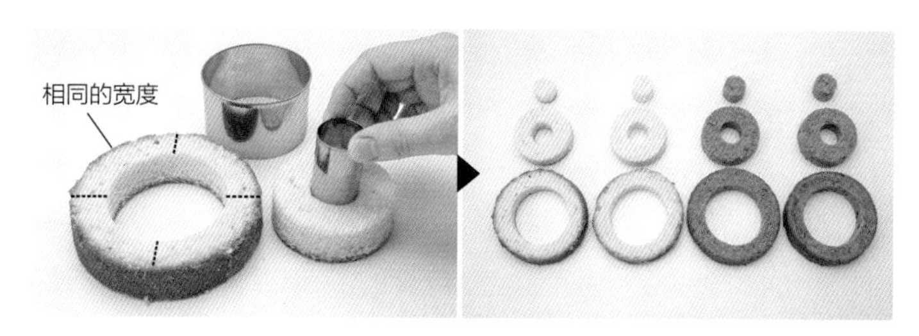

6. 在每个蛋糕胚的中心位置先后用 2 号和 8 号的圆形切割模具拔出蛋糕胚，如图所示。

7. 所有的轮形内侧都要涂上一层薄薄的奶油奶酪。

8. 用模具拔出的蛋糕胚以不同的颜色交替镶嵌。

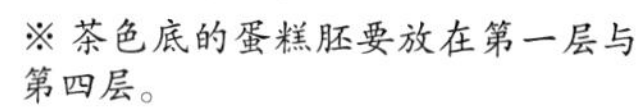

※ 茶色底的蛋糕胚要放在第一层与第四层。

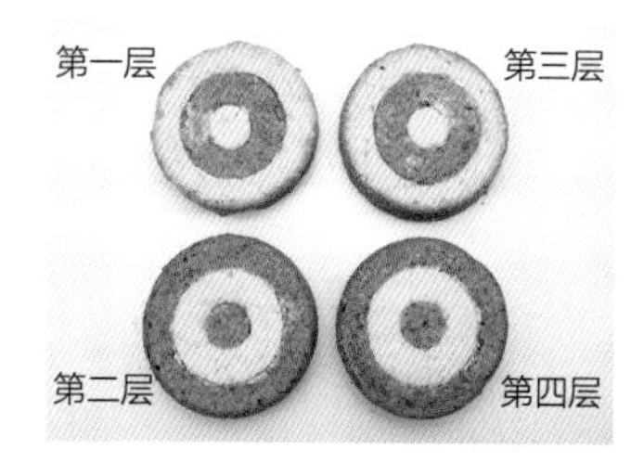

（叠加之前的各层）

9. 在第一层上涂上薄薄的奶油奶酪，然后叠加第二层。用同样的方法叠加第三层。

10. 然后叠加第四层。此时茶色面要朝上放置。

11. 在叠加好的蛋糕胚表面涂抹奶油奶酪（参考 p.20）。

Checkerboard

四色棋盘

难易度：★★★☆☆

双色棋盘的扩展做法。多次嵌入时邻近处不要放相同的颜色。

材料（直径约 13cm）

黄油蛋糕胚（薄）2 个 <第一回>

黄油……70g
砂糖……70g
鸡蛋……60g（1 个）
牛奶……5g
A 低筋面粉……100g
　 发酵粉……3g

染色

草莓粉……8g
食用色素（圣诞红）……适量

黄油蛋糕胚（薄）2 个 <第二回>

黄油……70g
砂糖……70g
鸡蛋……60g（1 个）
牛奶……5g
A 低筋面粉……100g
　 发酵粉……3g

染色

南瓜
南瓜粉……8g
紫薯
紫薯粉……8g
柠檬汁……半勺

黏合 · 装饰

奶油奶酪……约 280g
→参考 p.18

准备

○所有材料放至室温下。
○模具中铺烤箱纸。
○将 A 部分的材料混合过筛。
○烤箱预热至 170℃。
○制作奶油奶酪。

1. 参考 p.12、p.13“黄油蛋糕胚”中步骤 1 至步骤 6 的制作方法，制作第一回的光滑面团。

2. 将做好的面团二等分，其中一个加入过筛后的草莓粉，边观察颜色的变化情况边酌情添加食用色素，混合搅拌。

3. 将面团分别放入模具中，平整表面。

4. 在预热的烤箱中烤制约 30 分钟。从模具中取出蛋糕胚，放在冷却架上，静待变凉。

5. 用同样的方法制作第二回的面团，并分别添加南瓜粉、紫薯粉进行着色烤制。

※ 用紫薯粉染色时，添加柠檬汁成色会更好。但要等染色粉与面团充分混合后再添加。

6. 把所有的蛋糕胚横向切开，每块厚度为 2.5cm。

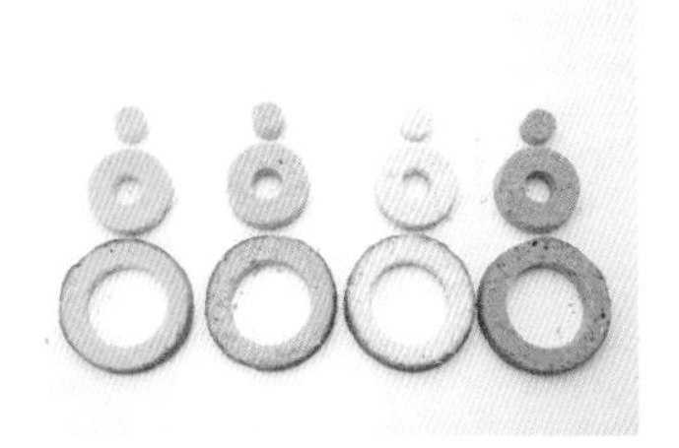

7. 在蛋糕胚的中心位置先后用 2 号和 8 号圆形切割模具拔出蛋糕胚。

8. 所有的轮形内侧都涂上一层薄薄的奶油奶酪。

9. 用模具拔出的蛋糕胚以不同的颜色交替镶嵌。

10. 最外圈是原色和南瓜的那两块蛋糕胚要把底面茶色的部分削掉，作为第二层和第三层。

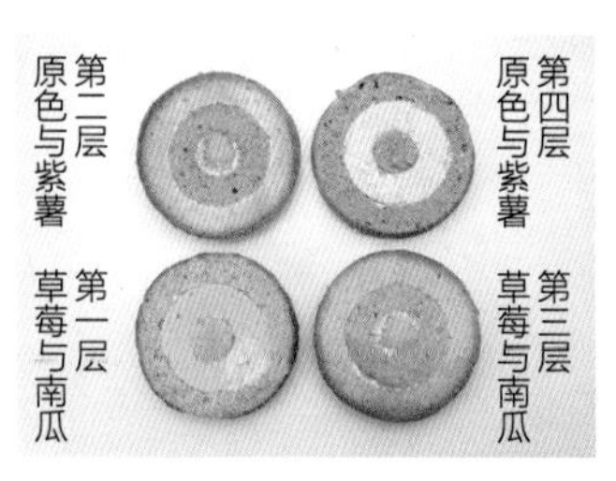

（叠加之前的各层）

11. 在第一层上涂抹薄薄的奶油奶酪，叠加第二层。用同样的方法叠加第三层。

12. 最后叠加第四层。此时茶色面要朝上放置。

13. 在叠加好的蛋糕胚外面涂抹奶油奶酪（参考 p.20）。

PART

3

Motif Sponge Cake

主题海绵蛋糕

无论从哪个方向切开，

都能看到相同的心、蝴蝶结、可爱的小熊等图案。

从两个海绵蛋糕胚开始做起吧。

捉迷藏蛋糕的内部是最有制作价值、效果最出众的部分。

Inside Love

爱在心中

难易度：★★★★☆

蛋糕里隐藏着特殊的感情。瞧，用刀切开之后就知道了。

材料（直径约 14cm）

插图用海绵蛋糕胚……2 个→参考 p.10、p.11

黏合

黄油奶油……约 30g →参考 p.16

蛋糕内馅

※ 蛋糕内馅需要的大致用量 =110g
（蛋糕屑用量 = 80g）

黄油奶油……约为蛋糕屑分量的 40%（30g 左右）→参考 p.16
草莓粉……适量（10g 左右）
食用色素（圣诞红）……适量

装饰

鲜奶油……约 350g →参考 p.18
裱花嘴 玫瑰裱花嘴

准备

○制作插图用海绵蛋糕胚，冷却放置。
○制作黄油奶油。
○制作打发至七八分的鲜奶油。

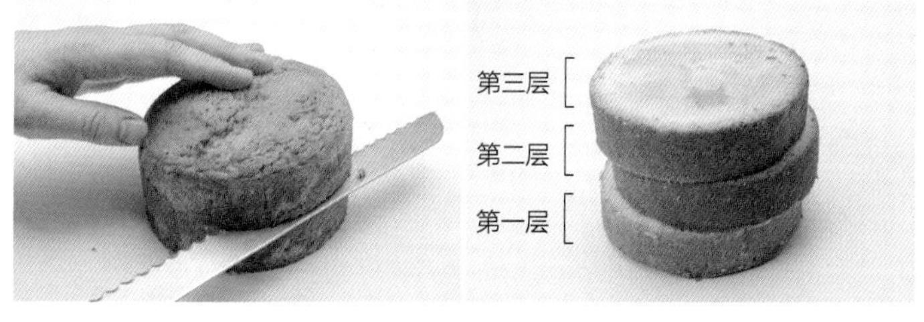

1. 把插图用海绵蛋糕胚按照 2.5cm 的厚度横向切成三块。将第三层底面的茶色部分薄薄地切掉一层。
※ 剩下的蛋糕胚留着制作蛋糕屑用。

2. 在第一层的中心位置用 2 号圆形切割模具轻轻按压一个印记。

3. 拿刀从印记的边缘向中心部分斜着插入 1cm 左右，呈倒圆锥形，将小蛋糕胚取出。
※ 取出的蛋糕胚留着制作蛋糕屑用（下同）。

4. 在第二层蛋糕胚的中心位置先用 2 号圆形模具拔出小蛋糕胚，然后再用 7 号模具轻轻按压一个印记。

5. 拿刀从印记边缘向 2 号模具拔出的圆洞下斜着插入，旋转一周，将多余的蛋糕胚切掉。

6. 在第三层的中心位置用 7 号模具轻轻按压一个印记。

7. 然后再用刀在中心部分造出一个直径为 1cm 左右的圆形印记。

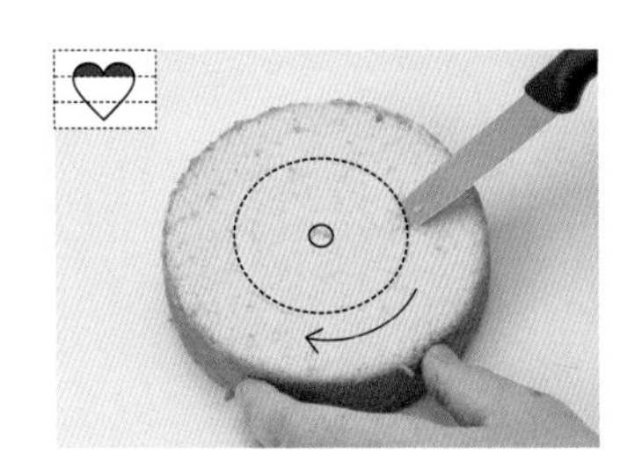

8. 拿刀从大圆印记向中心印记斜着插入约 1cm 深，旋转一周，取出蛋糕胚。取出的蛋糕胚呈甜甜圈的形状。

9. 用刀将蛋糕表面清理干净。

10. 然后再用小勺继续整理，中间部分削出一个突出的圆形。用指头轻轻地按压，固定造型。

11. 第一层与第二层叠加，确认两层造型处的衔接无偏差。

※ 如果有偏差，用刀等稍作修整使其衔接得平滑、自然，最后再用手整理一下。

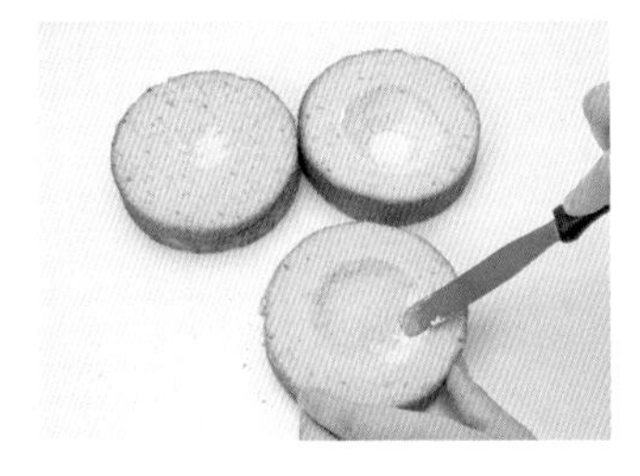

12. 每一层被削去的地方都要涂上一层薄薄的黏合用奶油。

蛋糕内馅

13. 用取下的蛋糕胚制作蛋糕屑，并用黄油奶油将其与蛋糕内馅混合（参考 p.44）。

14. 染色。

※ 颜色的深浅可依据喜好调整。

红色

加入草莓粉混合之后，还可酌情添加食用色素(圣诞红)，并注意观察颜色的变化。

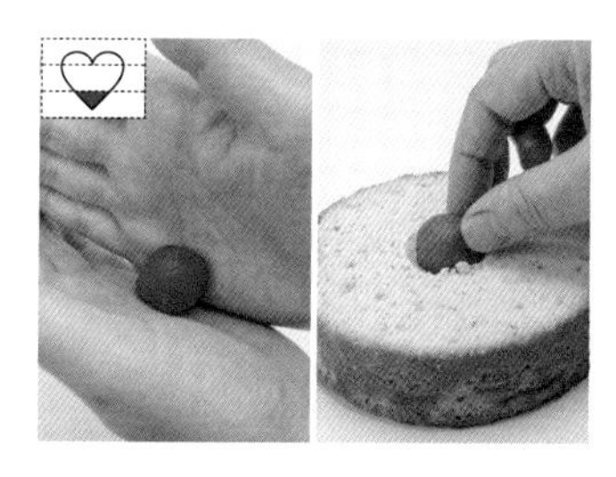

15. 取适量的蛋糕内馅，用手掌将其团成圆形，放置在第一层蛋糕胚的凹陷处。

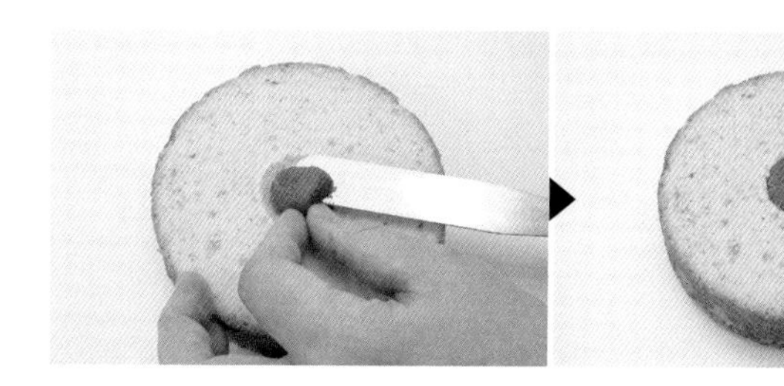

16. 把高出凹陷部分的蛋糕内馅用刀切掉，然后再用指头按压整理使其与蛋糕胚的衔接处不留任何缝隙。

17. 取适量的蛋糕内馅展开压平，放入第二层蛋糕胚的凹陷中，用指头整理衔接处使其不留任何缝隙。

18. 再取适量内馅，团成圆形，放在中间的凹陷处。

19. 把高出的部分用刀切掉，平整表面。

20. 在第三层蛋糕胚的凹陷处填上内馅。先把大块儿圆柱形的内馅按甜甜圈的造型放入凹陷处。溢出的部分用刀切掉，平整表面。

21. 然后在中心部分放入少量摊平的内馅。

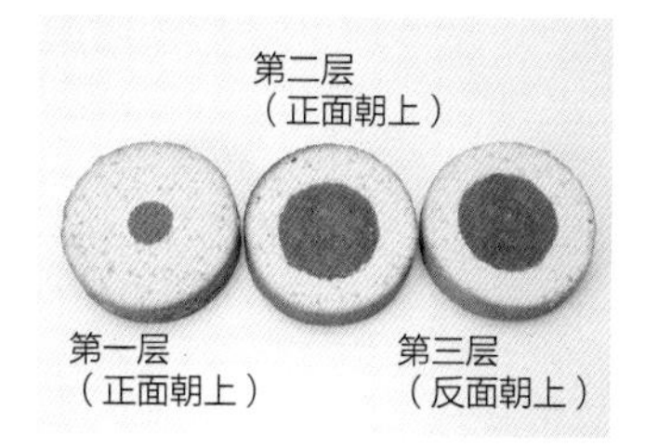

（叠加之前的各层）

22. 在第一层蛋糕胚的正面涂抹一层黏合用的奶油，但要避开有内馅的地方，然后叠加第二层。

23. 用同样的原理在第二层蛋糕胚的正面涂抹奶油，同时避开内馅的部分，将第三层蛋糕胚反面朝上叠加。

装饰

24. 在叠好的蛋糕胚的表面涂抹鲜奶油（参考 p.20）。将裱花袋与玫瑰裱花嘴安装组合，装入奶油。

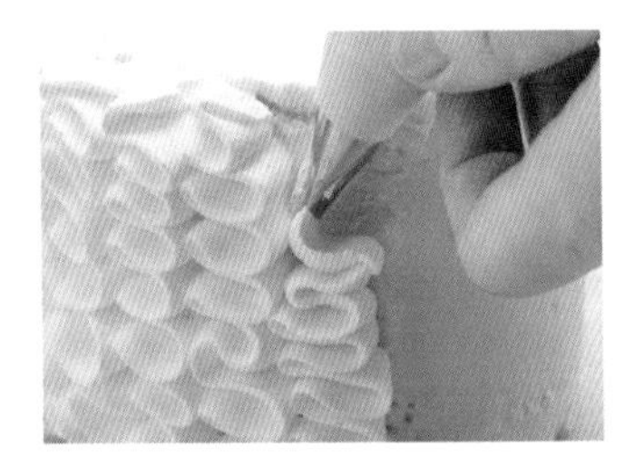

25. 裱花嘴的大口朝向蛋糕的侧面，从下往上，左右微微移动，叠加挤出一列列花纹。

26. 做最上面一层裱花时，裱花嘴的大口朝向蛋糕内侧，反向折叠，在蛋糕边缘环绕一周挤出图案。

用蛋糕屑制作蛋糕内馅

制作蛋糕屑

1. 把多余的蛋糕胚中烤上颜色的部分用刀切掉。

※ 如果内馅的颜色是棕色，则不需要去掉烤制色的部分，保持原样即可。

2. 把事先预留的蛋糕胚与处理后的蛋糕胚全部均匀地筛成细末。

※ 最后用筛子会更方便。

面包屑不足时……

如果剩下的蛋糕胚过少、不够用时，请用以下方法补充。

○用市场上卖的海绵蛋糕或者杯形蛋糕代替。

○制作新的蛋糕胚。

与黄油奶油混合

3. 在蛋糕屑中加入黄油奶油，用刮铲搅拌均匀。

4. 充分混合后，蛋糕内馅（原色）制作完成。

※ 试着用手将一部分材料揉成一团，如果出现开裂不能聚合的状况，要再添加黄油奶油。

Sweet Ribbon

甜心小领结

Sweet Ribbon

甜心小领结

难易度：★★★★★

第一层与第二层制作方法一样。两层衔接部分的造型要精心修饰。

材料（直径约 13cm）

插图用海绵蛋糕胚……2 个→参考 p.10、p.11

黏合

黄油奶油……约 30g →参考 p.16

蛋糕内馅

※ 内馅需要的大致用量 =150g
（蛋糕屑用量 =110g）

黄油奶油……约为蛋糕屑用量的 40%（40g 左右）→参考 p.16

草莓粉……适量（6g 左右）

食用色素（圣诞红）……适量

食用色素（淡蓝色）……适量

装饰

鲜奶油……300g

草莓粉……25g

砂糖……15g

牛奶……45g

裱花嘴 叶子裱花嘴

准备

○制作插图用海绵蛋糕胚，冷却放置。

○制作黄油奶油。

○准备冰水。

1. 将海绵蛋糕胚横向切成两块，每块厚度约为 4cm。第二层底部的茶色部分要薄薄地削掉。
※ 剩下的蛋糕胚留着制作蛋糕屑用。

2. 在第一层的中间位置分别放上 1 号和 8 号圆形切割模具。用 1 号模具在蛋糕胚上轻轻地按压印记，8 号模具要压至蛋糕胚约 2cm 深处。

3. 把刀由 1 号模具的印记处斜插入 8 号模具印记的底端（约 2cm 深处），旋转一周，拔出蛋糕胚。
※ 取出的蛋糕胚留着制作蛋糕屑用（下同）。

4. 顶端圆形的部分用刀削去约 8mm，平整表面。

5. 第二层与第一层的制作原理相同。
※ 洞的大小、位置等与第一层观察对比制作，以防衔接时有所偏差。

6. 在第一层与第二层削掉的地方薄薄地涂抹一层黏合用的黄油奶油。

蛋糕内馅

7. 用取出的蛋糕胚制作蛋糕屑，并与黄油奶油混合搅拌（参考 p.44）。

8. 将混合好的蛋糕屑按照 9（粉色）比 1（淡蓝色）的标准分开，分别染色。

※ 颜色的深浅可根据喜好调整。

粉色
加入草莓粉混合后，边添加食用色素（圣诞红）边观察颜色的变化情况。

淡蓝色
加入食用色素（淡蓝色），混合搅拌的同时要观察颜色的变化状况。

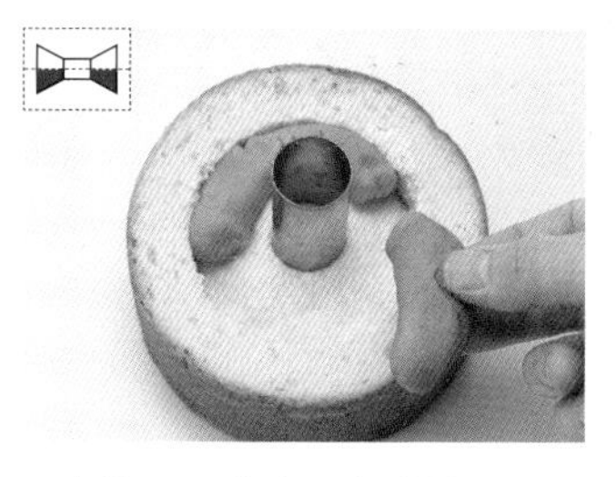

9. 在第一层的中心部分放置 1 号圆形切割模具，将粉色的蛋糕内馅围绕其摆成甜甜圈的形状。先把大块儿的放在凹陷处的外侧。

10. 然后在内侧放置小块儿的内馅，用手指平整表面。

※ 内馅溢出的部分用刀切掉。

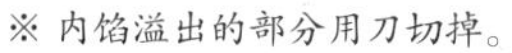

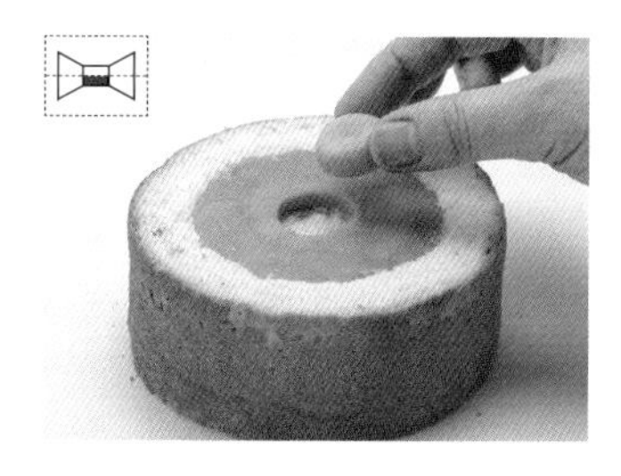

11. 取出模具，空出的部分填上淡蓝色内馅。

12. 第二层也按照以上步骤填满粉色与淡蓝色的蛋糕内馅。

13. 在第一层上涂抹一层薄薄的黏合用黄油奶油，但要避开有内馅的部分。第二层反面朝上叠加在第一层上。

装饰

14. 将装饰用的草莓粉与砂糖放入钢盆中混合，然后加入常温牛奶搅拌至糊状，放凉。

15. 把钢盆放在冰水上保持低温，然后加入鲜牛奶，用手动打蛋器将材料打至七八分发的状态。

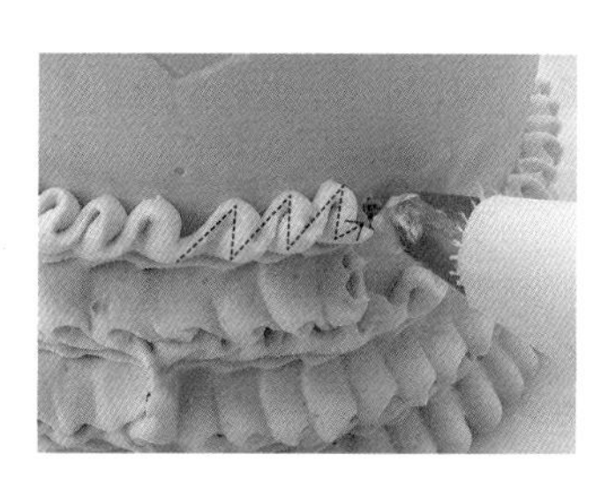

16. 把打发好的装饰材料涂抹在蛋糕胚表面（参考 p.20）。裱花袋与叶子裱花嘴组合，装入奶油。从蛋糕侧面底部开始，一圈圈排列向上，用裱花袋挤出“之”字形的图案。

Formal Bear

绅士小熊

难易度：★★★★★

系着红色蝴蝶领结、一本正经的小熊。用勺子挖去一部分蛋糕胚，做出一个硬实的圆球。

材料（直径约 14cm）

插图用海绵蛋糕胚……2 个→参考 p.10、p.11

黏合

黄油奶油……约 40g →参考 p.16

蛋糕内馅

※ 内馅需要的大致用量 =140g
（蛋糕屑的用量 =100g）

黄油奶油……约为蛋糕屑分量的 40%
（40g 左右）→参考 p.16

可可粉……适量（3g 左右）

食用色素（圣诞红）……适量

装饰

巧克力奶油……约 220g →参考 p.19

裱花嘴 星形裱花嘴（8 齿 6 号）

准备

○制作插图用海绵蛋糕胚，冷却放置。

○制作黄油奶油。

○制作巧克力奶油。

1. 将海绵蛋糕胚横向切成 4 块，每块厚度约为 2.5cm。除第一层以外，其他几层底部的茶色部分要薄薄地削掉。

※ 剩下的蛋糕胚制作蛋糕屑。

2. 用 1 号圆形切割模具在第二层的中心拔出蛋糕胚，然后再把 6 号模具放在中间，按压一个印记。

※ 取下的蛋糕胚制作蛋糕屑（下同）。

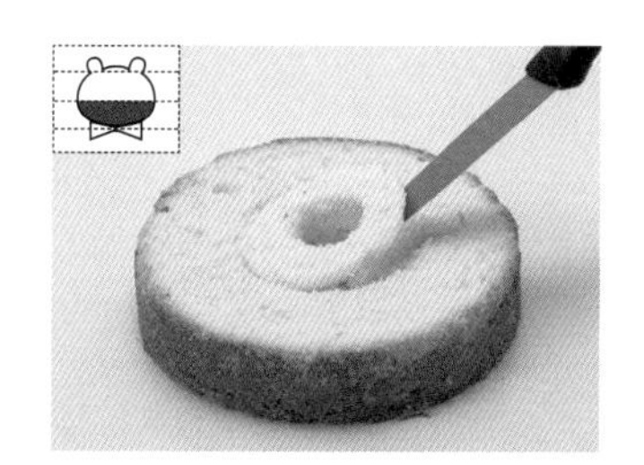

3. 拿刀由 6 号印记处斜着插向 1 号洞的底部，旋转一周，切掉多余的蛋糕胚。

4. 用小勺整理凹陷处，最后呈现出圆顶形的状态。

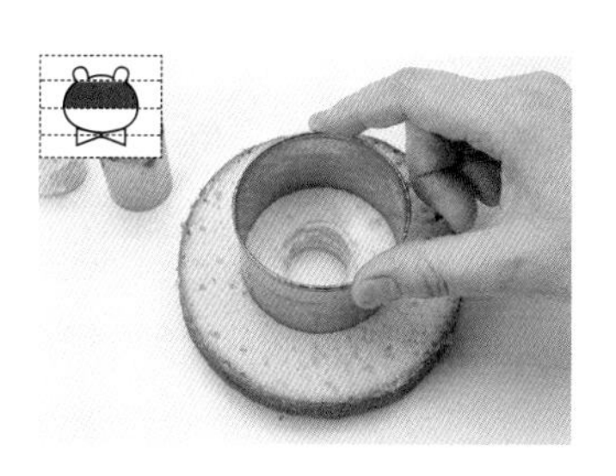

5. 先在第三层的中心位置用 3 号模具拔出蛋糕胚，再把 6 号模具放在中间部分，轻轻按压一个印记。用与前两步相同的办法，取出多余的蛋糕胚，最后将凹陷处整理成圆顶形。

6. 在第四层的中间位置同时放置 1 号模具和 3 号模具，轻轻按压出两个印记。

7. 在 1 号印记与 3 号印记之间用小刀挖一个深约 1cm 的圆槽，取出多余的蛋糕胚。用勺柄制作耳朵的造型。

8. 在凹陷的中心部分削去一点儿蛋糕胚，再用手指按压该处，使中心的凹陷看起来比较自然。

9. 在各层的凹陷部分薄薄地涂抹一层黏合用黄油奶油。

※ 各层叠加时，调整确认凹陷的大小及位置没有偏差。

蛋糕内馅

10. 用取下来的蛋糕胚制作蛋糕屑，并与黄油奶油混合（参考 p.44）。

11. 将混合好的内馅按照 9（棕色）比 1（红色）的标准分开，分别染色。

※ 颜色的深浅可依据喜好加以调整。

棕色

边加入可可粉边注意观察颜色的变化情况。

红色

加入食用色素（圣诞红），混合搅拌的同时注意观察颜色的变化情况。

12. 将棕色蛋糕内馅适当铺开，放入第二层的洞里。用手指稍作整理，使衔接处不留缝隙。

13. 在中心位置放入大小合适的圆球形棕色内馅。溢出的部分用小刀切掉，然后平整表面。

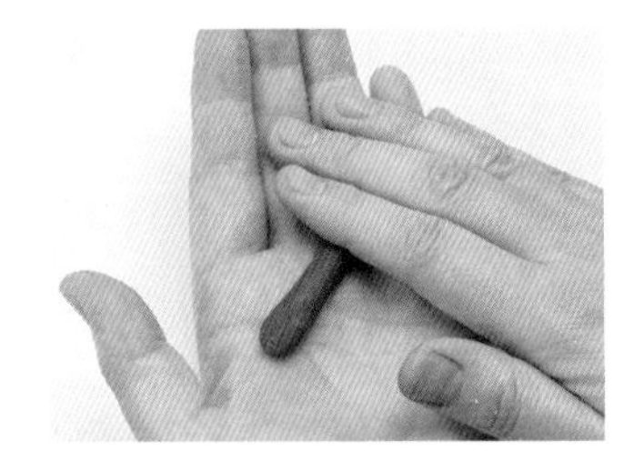

14. 取适量的内馅，用手搓成棒形，做成甜甜圈状环绕在第四层的凹陷处。

15. 取少量的棕色内馅，将其铺平放在正中间的凹陷处。

16. 在第一层蛋糕胚的中心位置将 3 号圆形模具嵌入约 1cm 深。

17. 将小刀从中心点的位置斜插入 3 号模具压痕的底部（约 1cm 深处），旋转一周，将多余的蛋糕胚削掉。

18. 凹陷处中间像小山一样隆起的顶部用刀削去约 2mm。在被削去的部分薄薄地涂上一层黏合用黄油奶油。

19. 取适量红色内馅用手搓成棒形，呈甜甜圈状环绕在凹陷处。在中心部分也放置少量圆片状的红色内馅，用手指按压使其稍微凹陷。

20. 第二层反面朝上，在中心部分嵌入 3 号模具，压出痕迹。

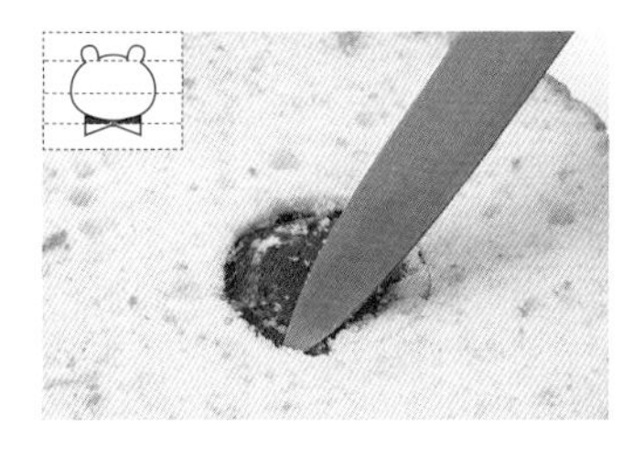

21. 从内馅的轮廓边缘向 3 号模具的印记处斜着插入刀具，环绕一周，将多余的蛋糕胚切掉。

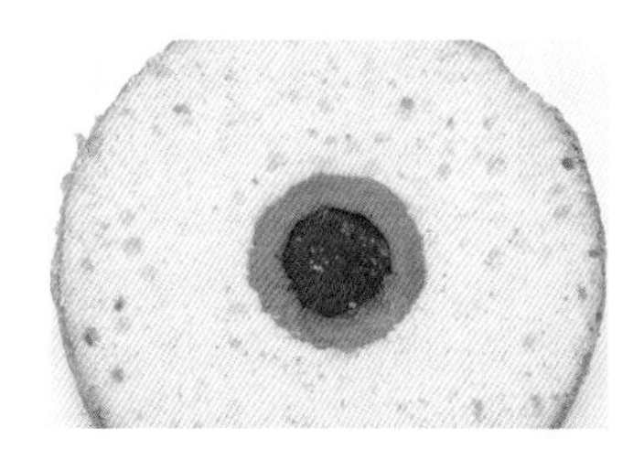

22. 在凹陷处填满红色内馅。

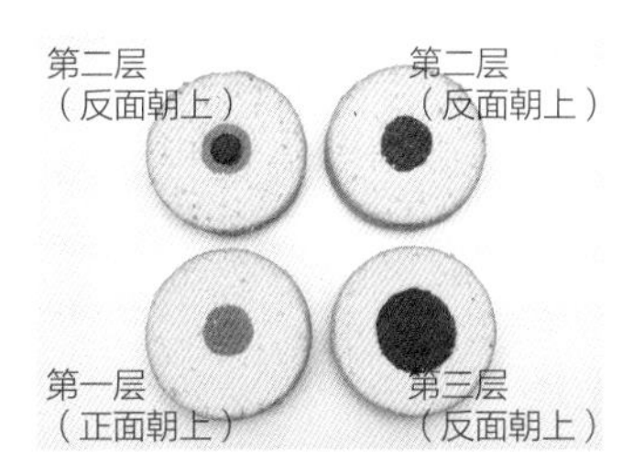

（叠加之前的各层）

23. 在第一层蛋糕胚正面涂抹黏合用黄油奶油，避开有内馅的地方。第二层反面朝上叠加在第一层上。然后叠加第三层、第四层。

装饰

24. 在叠好的蛋糕胚表面涂抹巧克力奶油（参考 p.20）。在蛋糕侧面用抹刀吧嗒吧嗒拍满不规则的图案。

25. 裱花袋与星形裱花嘴组合，装入奶油。沿着蛋糕顶部的边缘像画漩涡一样反复挤出一个个图案。

Spring Garden

春色满园

难易度：★★★★★

瓢虫的图案是重点。抹茶奶油可以用来制作绿草图案。

材料（直径约 12cm）

插图用海绵蛋糕胚……2 个→参考 p.10、p.11

黏合

黄油奶油……约 30g →参考 p.16

蛋糕内馅

※ 内馅需要的大致用量 =130g
（蛋糕屑的用量 =95g）

黄油奶油……约为蛋糕屑分量的 40%
（35g 左右）→参考 p.16

草莓粉……适量（10g 左右）

可可粉……适量（1g 左右）

食用色素（圣诞红）……适量

装饰

抹茶奶油……约 150g →参考 p.16、p.17

五瓣花→参考 p.22

裱花嘴 青草裱花嘴

准备

○制作五瓣花。
※ 颜色按自己喜好即可。

○制作插图用海绵蛋糕胚，冷却放置。

○制作黄油奶油。

1. 将海绵蛋糕胚横向切成两块，每块厚度约为 4cm。第二层底部的茶色部分要薄薄地削掉。
※ 剩下的蛋糕胚制作蛋糕屑。

2. 在第一层的中心位置用 6 号圆形模具轻轻按压一个印记。

3. 拿刀由印记处向中心部分斜着插入约 3cm 深，旋转一周，呈倒圆锥形拔出蛋糕胚。
※ 取出的蛋糕胚制作蛋糕屑（下同）。

4. 用小勺将凹陷处修整成圆顶状。

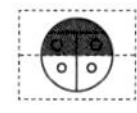

5. 第二层与第一层制作方法相同。
※ 在制作的过程中，凹陷的大小、位置要与第一层对比进行，以免衔接时出现偏差。

6. 在第一层与第二层削去蛋糕胚的部分涂上一层薄薄的黏合用奶油。

蛋糕内馅

7. 用取出的蛋糕胚制作蛋糕屑，并与黄油奶油混合（参考 p.44）。

8. 混合好的内馅按照 7（红色）比 2（棕色）比 1（原色）的标准分开，除原色保持不变，其他两样分别染色。

红色
加入草莓粉混合之后再加入食用色素（圣诞红），并注意观察颜色的变化。

棕色
边加入可可粉边观察颜色的变化。

9. 先将棕色内馅团成圆球状，直径略小于第二层凹陷处深度的一半，然后将其放入凹陷处。

10. 用手指轻轻按压内馅，平整表面。

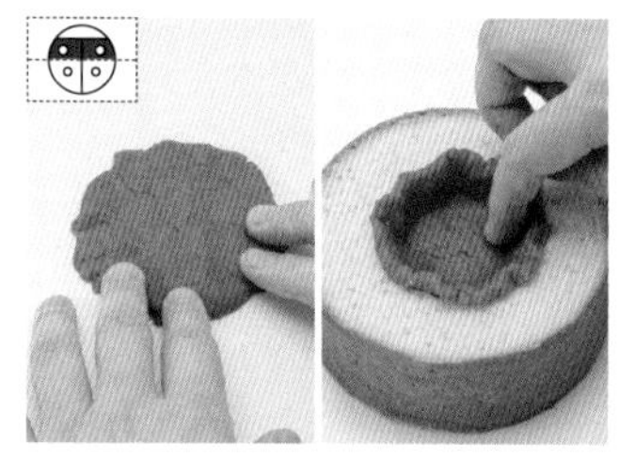

11. 取适量红色内馅，以略大于洞口的面积铺展开，然后放入凹陷处。用手指整理衔接处，不留任何缝隙。

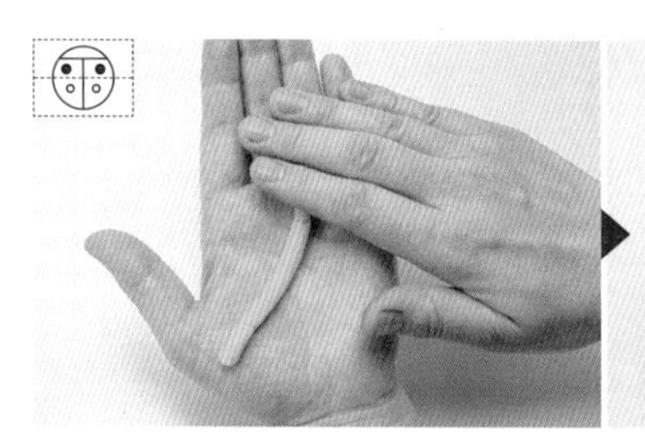

12. 取适量原色内馅，用手搓成棒形，沿着凹陷处的边缘呈甜甜圈状放入。取红色内馅制成圆球状，放置在原色内馅的正中间。

13. 用手指整理凹陷处的边缘。

14. 将红色内馅用手搓成棒状，填在红色圆球和原色内馅中间。

15. 把溢出的内馅用刀切掉，然后平整表面。

16. 将适量的红色内馅铺展开，放入第一层的凹陷处，方法同上。

17. 再取少量的红色内馅铺展开，放入凹陷处，调整凹陷处的深度与第二层的一致。

18. 做法同步骤 12 至步骤 15。

19. 在第一层与第二层蛋糕胚的中心位置插入吸管，将内馅凿开一个小洞，注意不要通到底。

※吸管粗一点的话小洞会开得干净、漂亮。

20. 将剩余的棕色内馅用手搓成棒状，分别放入第一层与第二层通开的小洞中。然后用筷子平整表面。

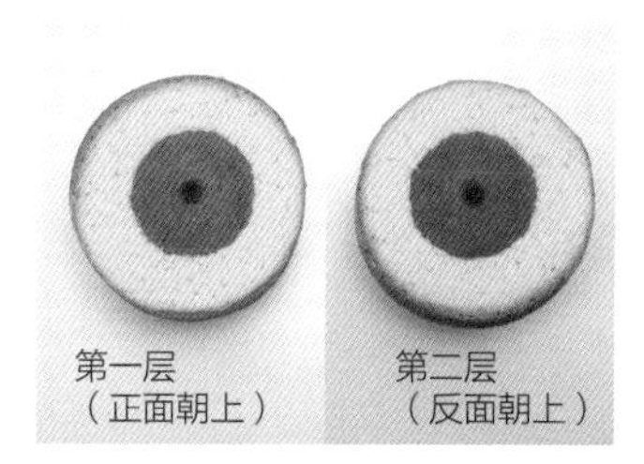

（叠加之前各层）

21. 在第一层蛋糕胚的正面薄薄地涂抹一层黏合用奶油，但要避开有内馅的部分。第二层蛋糕胚反面朝上叠加在第一层上。

装饰

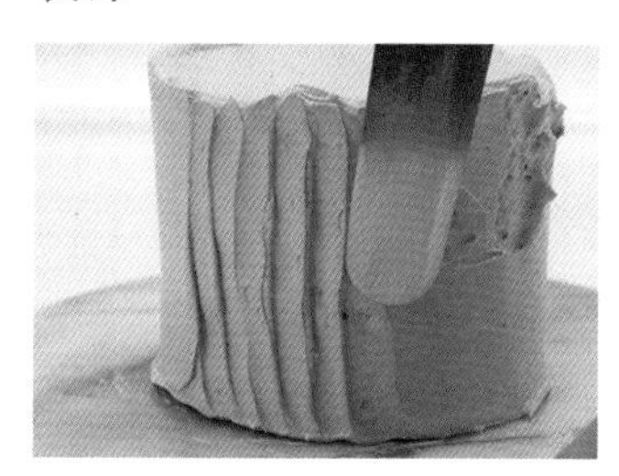

22. 在叠加好的蛋糕胚表面涂上抹茶奶油（参考 p.20）。侧面从下往上用抹刀梳理出纵向条状图案。

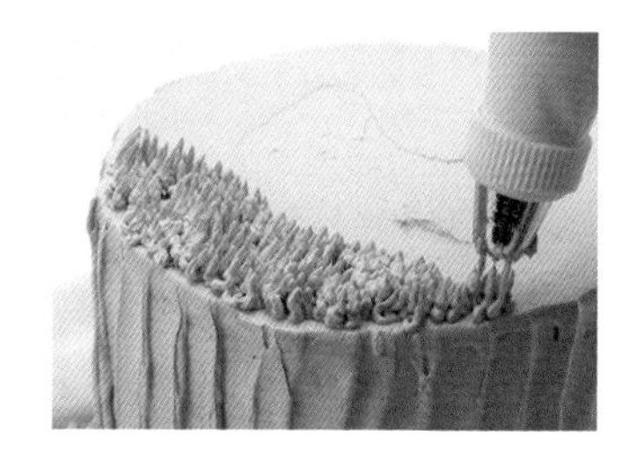

23. 裱花袋与青草裱花嘴组合，装入奶油。在蛋糕的顶部每次挤出少量奶油，做出类似毛茸茸绿草地的图案。

24. 拿出事先冷冻的五瓣花，用抹刀将 OPP 纸去掉，将花朵轻轻地放在草丛中。

Happy Halloween

快乐万圣节

难易度：★★★★★

难度较高的南瓜插图蛋糕，会是什么样的表情呢？期待着切开之后的惊喜。

材料（直径约 12cm）

插图用黑巧克力海绵蛋糕胚……2 个→参考 p.10、p.11

插图用海绵蛋糕胚……1 个→参考 p.10、p.11

黏合

黄油奶油……约 40g →参考 p.16

黑可可粉……适量

蛋糕内馅

※ 蛋糕内馅需要的大致用量 = 210g
（蛋糕屑的用量 = 约 150g）

黄油奶油……约为蛋糕屑分量的 40%（60g 左右）

南瓜粉……适量（约 10g 左右）

可可粉……适量

抹茶粉……适量

食用色素（橙色）……适量

装饰

南瓜奶油……180g →参考 p.16、p.17

裱花嘴 圆口裱花嘴（直径约 1cm）

准备

○制作插图用海绵蛋糕胚、插图用黑巧克力蛋糕胚，冷却放置。

○制作黄油奶油。

○黄油奶油与黑可可粉混合制成可可奶油，颜色要与插图用黑巧克力蛋糕胚颜色接近。

○制作南瓜奶油。

1. 将黑巧克力蛋糕胚横向切成 4 块。由第一层往上，蛋糕胚的厚度依次为 2.5cm、2cm、2cm、2.5cm。

2. 在第一层的中心位置用 8 号圆形切割模具轻轻按压出一个印记。

3. 拿刀从印记边缘处向中心位置斜插约 1cm 深，旋转一周，取出多余的蛋糕胚，并将凹陷处整理成圆顶状。

4. 在凹陷的中心位置。用小勺再整理出一个深 5mm 的圆形凹陷。

5. 在小凹陷的周围制作同样 5mm 深、形状似甜甜圈一样的凹陷。

※ 如果蛋糕胚碎裂，可以用黑巧克力奶油加固。

6. 在第二层蛋糕胚的中心位置用 7 号模具拔出一部分，再用 8 号模具轻轻按压出印记。

7. 把刀从 8 号印记处向 7 号洞底斜插进去，旋转一周，切掉多余的蛋糕胚。

8. 然后将蛋糕胚反面朝上，用小刀沿着 7 号模具拔出的圆形边缘少量削割，将圆的直径调整为6.5cm。

9. 用小勺在洞的内侧部分削出一个圆弧。

10. 把第二层蛋糕胚叠加到第一层上，确认衔接处没有偏差。

※ 如果有偏差，用小刀等进行调整。

11. 在第三层的中心位置用 1 号模具拔出多余的蛋糕胚。

12. 第二层蛋糕胚洞的直径为6.5cm 的那一面朝下，放在第三层蛋糕胚上，然后在叠加的内侧边缘用小刀环绕一周，在第三层蛋糕胚上轻轻地刻下印记。

13. 取下第二层蛋糕胚，在第三层蛋糕胚上拿刀由印记向洞底斜插进去，旋转一周，切掉多余的蛋糕胚。把截面用小勺整理成弧形。

14. 在每层凹陷的部分薄薄地涂上一层巧克力奶油。

蛋糕内馅

15. 用海绵蛋糕制作蛋糕屑，然后与黄油奶油混合（参考 p.44）。

16. 将混合好的内馅按照 8（橙色）比 1.5（棕色）比 0.5（绿色）的标准分开，并分别染色。

※ 颜色的深浅可依据喜好调整。

橙色

加入南瓜粉混合之后再加入食用色素（橙色），并观察颜色的变化。

棕色

边加入可可粉边观察颜色的变化。

绿色

加入抹茶粉的同时观察颜色的变化。

17. 在第一层的凹陷处填满橙色内馅。先在最中间的小凹陷处放置圆球形内馅，再围绕外侧放入伸展开的内馅。

18. 在中间放入甜甜圈状的圆柱形内馅，平整表面。

※ 溢出的内馅用小刀切掉。

19. 在内馅的中心位置用 3 号切割模具轻轻按压一个印记，再用小刀沿着印记削割一个深约 7mm 的倒圆锥形，取出多余的内馅。最后用小勺将凹陷处修整成圆顶状。

20. 用手指将凹陷处的表面整平，然后填满棕色内馅，平整表面。

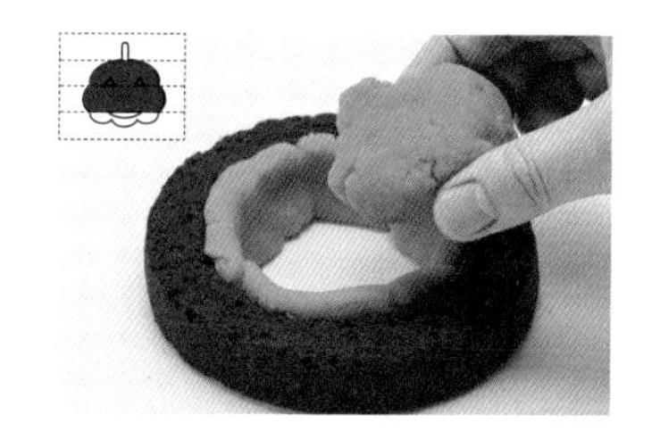

21. 在第二层、第三层的空缺处填满橙色内馅。先用展开的内馅填满洞的侧面，再放入大块的内馅填充完整。

22. 在第三层的中心位置用 3 号模具轻轻按压一个印记。用星形或者心形饼干模具的角沿着印记造出一个浅槽。

23. 取适量的棕色内馅，用手搓成棒状，填满浅槽部分，平整表面。

24. 在第四层的中心位置插入一根粗一些的吸管，深度约为 1cm，然后拔出。在洞的内侧用筷子等涂抹可可奶油。

25. 取适量绿色内馅，用手搓成棒状，插入洞中，平整表面。

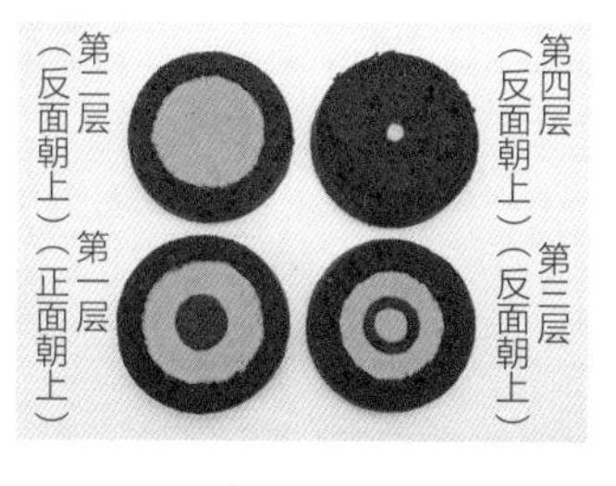

（叠加之前各层）

26. 在第一层蛋糕胚表面涂抹可可奶油，但要避开有内馅的地方，然后将第二层反面朝上叠加，用同样的方法依次叠加第三层、第四层。

装饰

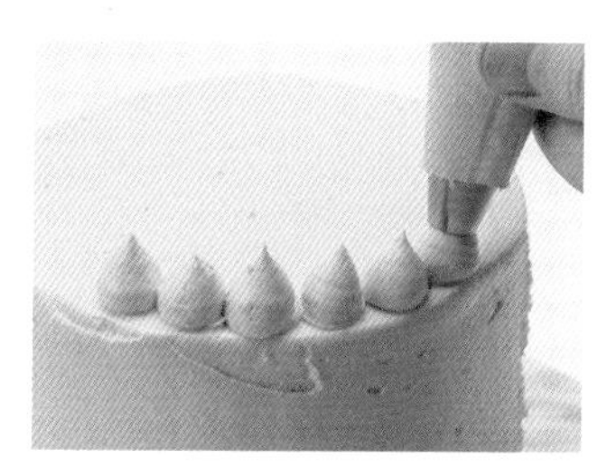

27. 在叠好的蛋糕胚表面涂抹南瓜奶油（参考 p.20）。将裱花袋与圆口裱花嘴组合，装入奶油，沿着蛋糕顶面的边缘挤出一个个漂亮的图案，围成一圈。

Snow Forest

白雪森林

难易度：★★★★☆

在圣诞节做一个圣诞树蛋糕，还可以在蛋糕上设计类似星星的主题图案。

材料（直径约 12cm）

插图用海绵蛋糕胚……2 个→参考 p.10、p.11

黏合

黄油奶油……约 50g →参考 p.16

蛋糕内馅

※ 内馅需要的大致用量 =130g
（蛋糕屑的用量 =95g）

黄油奶油……约为蛋糕屑分量的 40%（35g 左右）→参考 p.16

抹茶粉……适量（1g 左右）

可可粉……适量

装饰

鲜奶油……约 200g

糖珠（雪花结晶、白色糖珠）……适量

准备

○制作插图用海绵蛋糕胚，冷却放置。

○制作黄油奶油。

○将鲜奶油打发至七八分。

1. 将海绵蛋糕胚横向切成 4 块，每块厚度约为 2.3cm。除第一层以外，其他各层底部的茶色部分要薄薄地削掉。

※ 用剩余的蛋糕胚制作蛋糕屑。

2. 用 1 号圆形切割模具在第一层的中心位置拔出多余的蛋糕胚。

※ 取出的蛋糕胚制作面包屑（下同）。

3. 在第二层的中心位置先用 3 号模具拔出多余的蛋糕胚，再用 7 号模具轻轻按压一个印记。

4. 拿刀由 7 号模具的印记处斜插入 3 号模具做出的洞底，旋转一周，切掉多余的蛋糕胚。

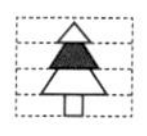

5. 在第三层的中心位置先用 2 号模具拔出多余的蛋糕胚，再用 6 号模具轻轻按压一个印记。用与上一步相同的方法切掉多余的蛋糕胚。

6. 在第四层的中心位置用 4 号模具轻轻按压一个印记。由印记处向中心点斜插入小刀，旋转一周，呈倒圆锥形，切掉多余的蛋糕胚。

7. 每层的凹陷处都要薄薄地涂抹一层黏合用黄油奶油。

蛋糕内馅

8. 用取出的蛋糕胚制作蛋糕屑，并与黄油奶油混合搅拌（参考p.44）。

9. 将混合好的内馅按照8（绿色）比2（棕色）的标准分开，分别染色。

※ 颜色的深浅可依据喜好调整。

绿色
加入抹茶粉混合的同时要注意观察颜色的变化。

棕色
边加入可可粉边观察颜色的变化。

10. 依据第一层洞的大小取适量棕色内馅，用手搓成圆柱状，放入洞中，平整表面。

11. 将二、三、四层蛋糕胚的凹陷处填满绿色内馅，溢出的部分用刀切掉，平整表面。

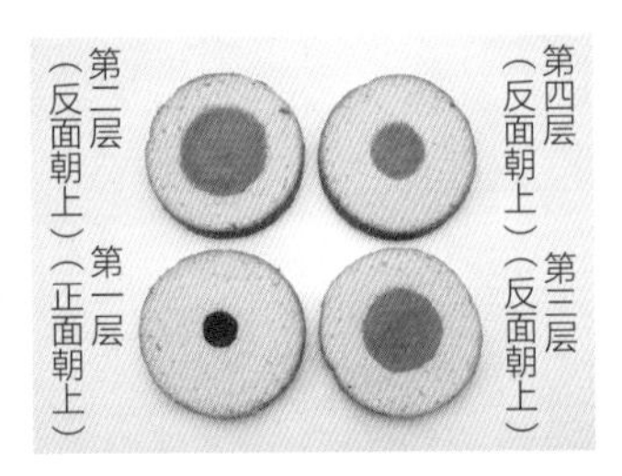

（叠加之前的各层）

12. 在第一层蛋糕胚的正面薄薄地涂抹一层黏合用黄油奶油，但要避开有内馅的地方。第二层反面朝上叠加在第一层上，用同样的方法依次叠加第三层、第四层。

装饰

13. 在叠好的蛋糕胚表面涂抹鲜奶油（参考p.20）。旋转回转台，将抹刀横贴在蛋糕侧面，随之而动，从下往上依次画出一条条横条纹。

14. 抹刀轻轻地贴在顶面的边缘处，随着回转台的转动向中心方向移动，画出螺旋形的图案。最后撒一些类似雪花状结晶的白色小糖果加以装饰。

Berry Crash

莓莓大碰撞

Berry Crash

莓莓大碰撞

难易度：★★★☆☆

像一个水果篮，内部装着满满的新鲜草莓、蓝莓等。

材料（直径约 13cm）

普通海绵蛋糕胚……2 个→参考 p.10、p.11

鲜奶油……约 260g →参考 p.18

草莓、树莓、蓝莓……各适量

裱花嘴 单排裱花嘴、星形裱花嘴（8 齿 3 号）

准备

○制作普通海绵蛋糕胚，冷却放置。

○将鲜奶油打发至七八分。

1. 将海绵蛋糕胚横向切成 4 块，每块厚度约为 2.5cm。

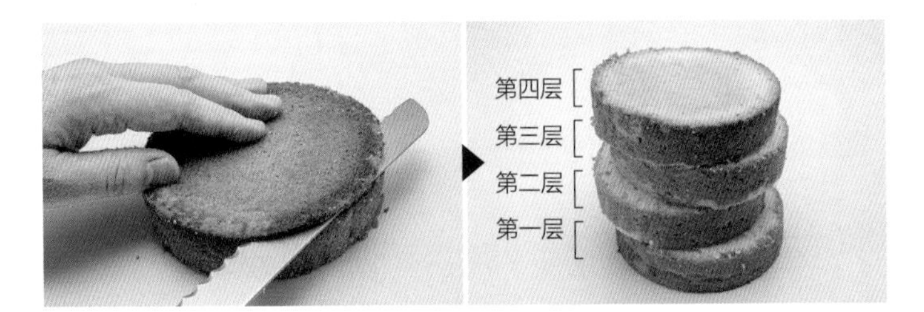

2. 除第一层以外，其他几层底部的茶色部分薄薄地削掉。

3. 分别在第二层与第三层的中心位置用 8 号圆形切割模具拔出多余的蛋糕胚。

4. 在第一层上与第二层叠加重合的地方涂抹一层薄薄的鲜奶油。

5.将第二层轻轻地按压在第一层上。

6. 在第二层上也涂一层薄薄的鲜奶油，然后将第三层轻轻叠加在上面。

7. 将草莓、树莓、蓝莓放在里面。

8. 在第三层上涂一层薄薄的鲜奶油，把第四层轻轻叠加在上面。

装饰

9. 在叠好的蛋糕胚的表面涂抹鲜奶油（参考 p.20）。裱花袋与单排裱花嘴组合，装入奶油，在蛋糕的侧面从下往上挤出一条纵向的竖条纹。

10. 在条纹右侧间隔一条竖条纹的宽度，再挤出一条竖条纹。

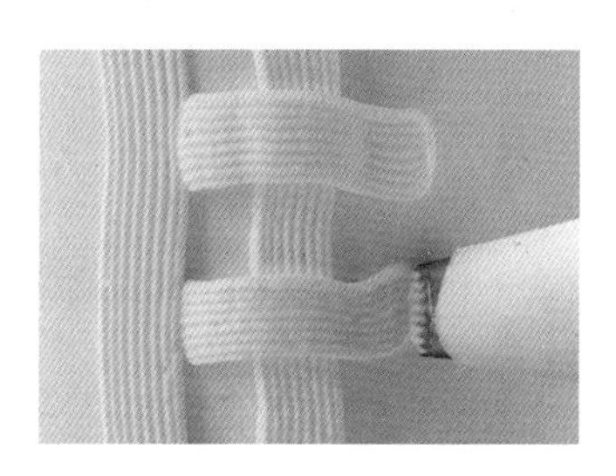

11. 如图所示，从左至右，横跨右侧竖条纹挤出横条纹。每两条横纹之间的间隔均为一条横纹的宽度。

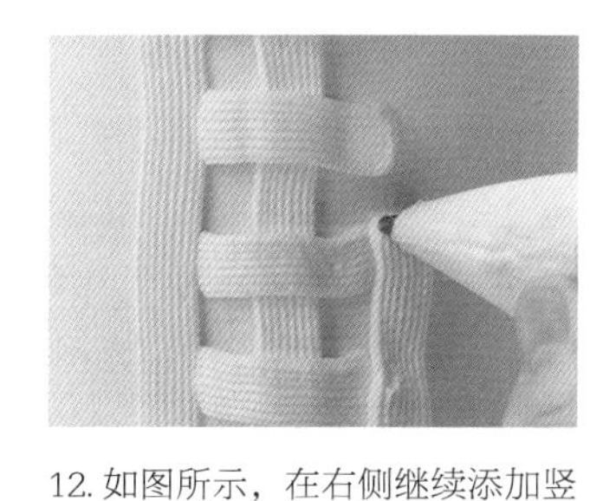

12. 如图所示，在右侧继续添加竖条纹。

※ 挤出的竖条纹要遮盖住横条纹的前端。

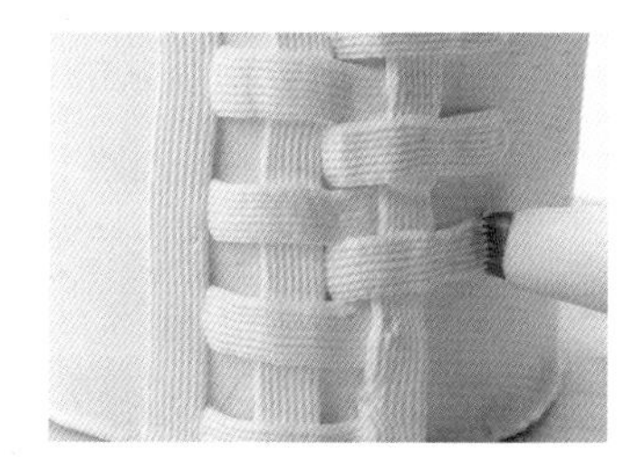

13. 与之前的横条纹相互交错，再挤出一行行新的横条纹。

14. 按此办法，在蛋糕的侧面挤满纵横条纹，加以装饰。

15. 裱花袋与星形裱花嘴组合，装入奶油。让裱花嘴保持一定的斜度，沿着蛋糕的顶面边缘挤出一个个漂亮的图案，环绕一周。

Coffee Break

难易度：★★★☆☆

休闲咖啡

高品位的咖啡蛋糕，在父亲节等节日作为礼物送给男性，让他感到惊喜吧！

材料（直径约 13cm）

普通海绵蛋糕胚……2 个→参考 p.10、p.11

黄油奶油……约 350g →参考 p.16

速溶咖啡……2 小勺

咖啡巧克力豆……各适量

裱花嘴 圆口裱花嘴（直径约 1cm）

准备

○制作普通海绵蛋糕胚，冷却放置。

○制作黄油奶油。

○用 2 小勺热水冲泡速溶咖啡，制成咖啡溶液，冷却放置。

1. 在黄油奶油里加入咖啡溶液，用手动打蛋器搅拌均匀。

2. 用与 p.66、p.67“莓莓大碰撞”中步骤 1 到步骤 6 相同的制作方法，一直将蛋糕胚叠加到第三层。区别在于各层蛋糕胚的衔接处要用咖啡黄油奶油涂抹。

3. 在第三层上薄薄地涂抹一层咖啡黄油奶油。将咖啡巧克力豆倒入洞中，然后把第四层的蛋糕胚轻轻叠加在第三层上。

装饰

4. 在叠加好的蛋糕胚表面涂抹一层薄薄的咖啡奶油（参考 p.20）。裱花袋与圆口裱花嘴组合，装入奶油。在蛋糕的侧面挤出一竖列圆点，每个圆点都要用抹刀横向半擦开，如图所示。反复操作制作出一列列图案。

5. 蛋糕顶面用与侧面相同的方式装饰，最后的图案呈漩涡状。

True Heart

真心告白

难易度：★★★★☆

可可蛋糕里隐藏着软软的棉花糖，温情满满。

材料（直径约 14cm）

普通巧克力海绵蛋糕胚……2 个→参考 p.10、p.11
巧克力奶油……约 600g →参考 p.19
星形彩色棉花糖、巧克力糖果……各适量
裱花嘴 星形裱花嘴（8 齿 8 号）

准备

○制作海绵蛋糕胚，冷却放置。
○制作巧克力奶油。

1. 用与 p.66、67“莓莓大碰撞”中步骤 1 至步骤 6 相同的制作方法，将蛋糕胚一直叠加到第三层。不同之处在于各层蛋糕胚的衔接处要涂抹巧克力奶油。

2. 在第三层上涂抹一层薄薄的巧克力奶油，在洞中放入棉花糖和巧克力糖果。将第四层轻轻叠加在第三层上。

装饰

3. 在叠加好的蛋糕胚表面涂抹巧克力奶油（参考 p.20）。裱花袋与星形裱花嘴组合，装入奶油。如图所示，在蛋糕的侧面从下往上挤出螺旋状花纹。

4. 挤花时要一竖列一竖列反复操作，最后裱满侧面。

Kids Party

宝贝派对

难易度：★★☆☆☆

切开蛋糕，充满活力的各类彩色糖果一涌而出，毫无疑问足以点燃整个派对的气氛。

材料（直径约 12cm）

普通海绵蛋糕胚……2 个→参考 p.10、p.11
鲜奶油……约 240g →参考 p.18
喜欢的糖果……各适量
糖珠（彩色小糖珠）……适量
裱花嘴 星形裱花嘴（8 齿 6 号）

准备

○制作普通海绵蛋糕胚，冷却放置。
○把鲜奶油打发至七八分。

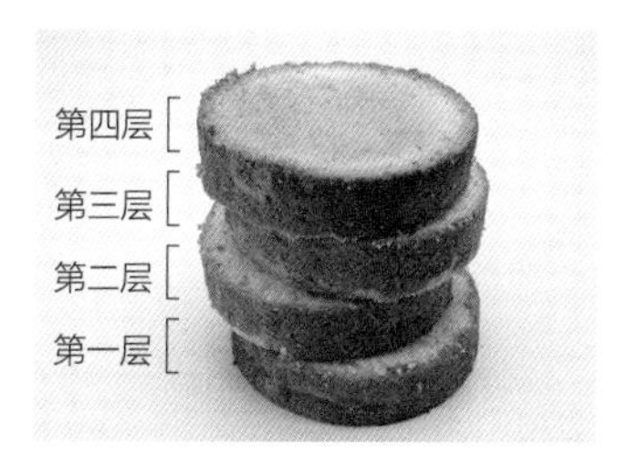

1. 用与 p.66、p.67“莓莓大碰撞”中步骤 1 到步骤 6 相同的制作方法，一直叠加到第三层。

2. 在第三层上涂抹一层薄薄的鲜奶油，内部放入喜欢的糖果。把第四层轻轻叠加在第三层上。

装饰

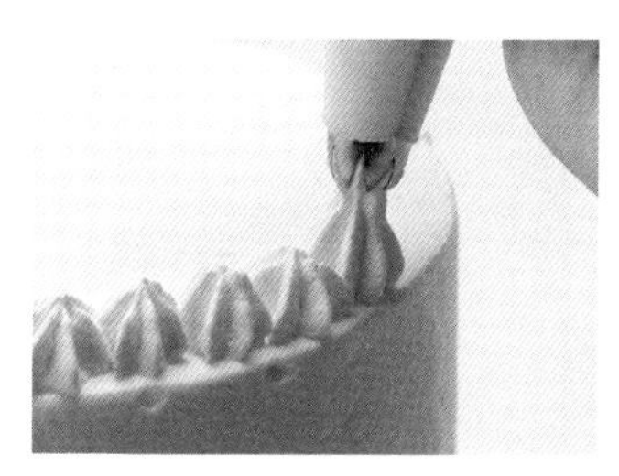

3. 在叠好的蛋糕胚表面涂抹鲜奶油（参考 p.20）。裱花袋与星形裱花嘴组合，装入奶油。在蛋糕的顶面挤满一个个立体小星星。

4. 在小星星上撒一些漂亮的彩色糖珠加以点缀。

Column
1

用剩余的蛋糕胚制作

蛋糕球

做捉迷藏蛋糕的时候，海绵蛋糕胚或者黄油蛋糕胚经常会剩下，可以用它们来继续制作迷你甜点。

材料

（海绵蛋糕胚）

剩余的海绵蛋糕胚……适量
黄油奶油……约占蛋糕胚分量的 40%

（黄油蛋糕胚 · 磅蛋糕）

剩余的黄油蛋糕胚、磅蛋糕……适量
黄油奶油……约占蛋糕胚分量的 15%
表面涂层用的巧克力……适量
喜欢的装饰品……适量

准备

○准备热水。

1. 将剩余的蛋糕胚弄成碎屑，过筛。

2. 加入黄油奶油混合搅拌。
※ 如果面团过散，不聚拢，可适量增加黄油奶油。如面团黏在一起，可适量增加蛋糕屑。

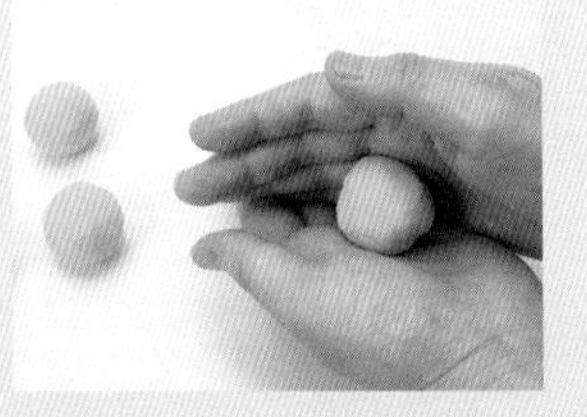

3. 取适量面团，用手捏成小圆球。

4. 将巧克力放入钢盆中，隔热水融化。将小蛋糕球浸入钢盆中，裹上一层融化的巧克力酱。

5. 将裹好巧克力酱的小球放在铺有烤箱纸的平底盘上，挑选喜欢的彩珠糖撒在小球表面加以点缀，等蛋糕球凝固即可食用。

PART

4

Illustration Pound Cake

插图磅蛋糕

将蛋糕切成片就能看到图案的插图磅蛋糕，

作为礼物相送一定会让对方十分欣喜。

基本的制作原理是相同的，

只需依据内部插图的颜色、形状合理变化。

试着用手边的饼干模具挑战一下吧。

One Heart

一心一意

Token
of Love

One Heart

一心一意

难易度：★☆☆☆☆

蛋糕胚的制作方法大致与 p.12、p.13 的黄油蛋糕胚的制作方法一样。心形要染成鲜艳的颜色。

材料（18cm × 8cm × 6cm 大小的磅蛋糕 1 个）

蛋糕内馅（草莓）

黄油……60g
砂糖……60g
鸡蛋……60g（1 个）
A | 低筋面粉……75g
  | 草莓粉……10g
  | 发酵粉……2g
食用色素（圣诞红）……适量
饼干模具 心形（4cm × 4cm）

外部蛋糕胚

黄油……80g
砂糖……80g
鸡蛋……60g（1 个）
牛奶……10g
A | 低筋面粉……100g
  | 发酵粉……3g

准备

○所有材料放至室温下。
○磅蛋糕模具中铺烘焙纸（参考 p.79）。
○ A 部分的材料混合过筛。
○烤箱预热至 170℃。

蛋糕内馅

1. 用橡胶刮铲将黄油搅拌至没有结块。

2. 加入砂糖，用电动打蛋器将材料打至发白蓬松的状态。

3. 打散的蛋液每次少量加入，混合均匀。

4. 加入 A 部分的材料，将面糊搅拌至没有粉气、面团光亮平滑为止。

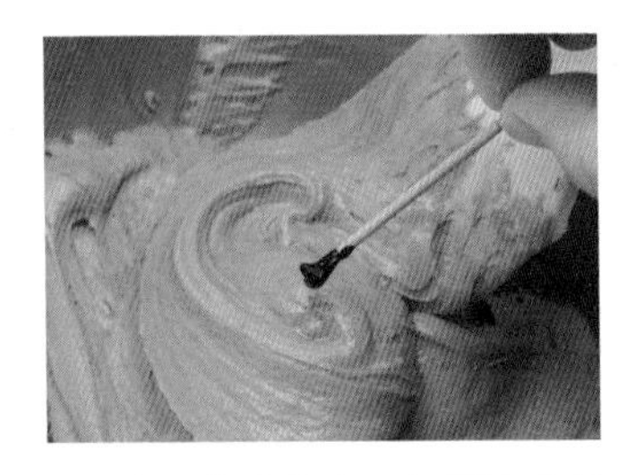

5. 用食用色素染色，但要注意观察颜色的变化。

6. 将面糊放入模具中，平整表面。

7. 将模具放入事先预热好的烤箱中，烤制约 30 分钟。从模具中取出烤好的蛋糕，放在冷却架上，等待变凉。

8. 将蛋糕内馅做成插图。
※ 厚度标准约为 1.5~2cm，与饼干模具的高度相吻合。

9. 用心形饼干模具做造型。为了防止变干要用保鲜膜包裹。

外部蛋糕胚

10. 用橡胶刮铲将黄油搅拌至没有结块。

11. 加入砂糖，用电动打蛋器将材料打至发白蓬松的状态。

12. 打散的蛋液每次少量加入，混合均匀。

13. 混合加入一半 A 部分的材料，并用橡胶刮铲翻转搅拌。剩少许粉气时加入牛奶搅拌均匀。

14. 加入剩余的 A 部分材料，将面糊搅拌至没有粉气、面团光亮平滑为止。

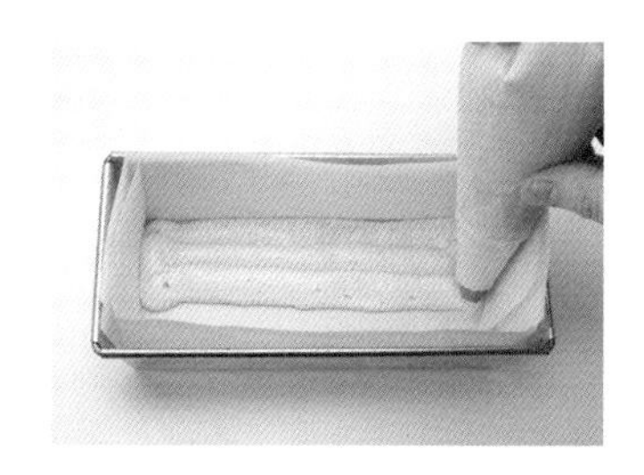

15. 裱花袋与圆口裱花嘴组合，装入步骤 14 中的面糊。在磅蛋糕模具的底部挤出不足 1cm 厚的面糊。

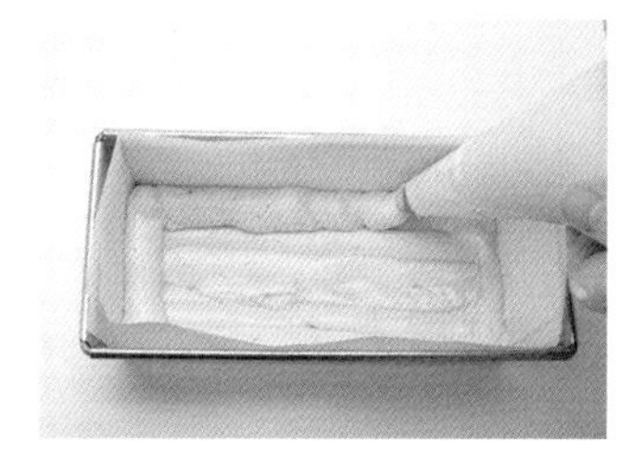

16. 然后在上面沿着模具的四周再挤一圈面糊。

17. 如图所示，把心形蛋糕内馅轻放在面糊上，排成一列。

18. 用剩余的面糊将上面的空隙挤满。

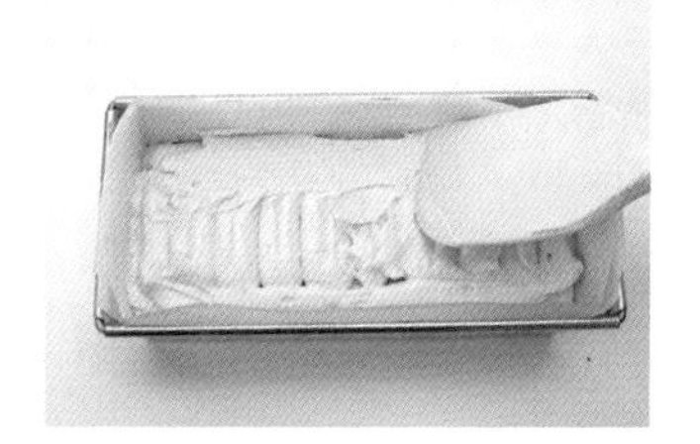

19. 用刮铲轻轻地平整表面。在预热的烤箱中烤制约 35 分钟。从模具中取出蛋糕，放在冷却架上，等待变凉。

烤箱纸的铺垫方法

依据模具的大小将烤箱纸对折三次，如图所示，剪开四处，便于折叠。

沿着折痕折叠，放入模具中。

※ 事先在模具内侧涂抹一层薄薄的奶油，可以使烤箱纸更容易贴在模具上。

Cinderella Shoes

灰姑娘的水晶鞋

难易度：★★☆☆☆

染色的部分是外侧的蛋糕胚。原色高跟鞋作为插图，营造浪漫氛围。

材料（18cm×8cm×6cm 的磅蛋糕 1 个）

蛋糕内馅

黄油……60g
砂糖……60g
鸡蛋……60g（1 个）
A 低筋面粉……75g
A 发酵粉……2g
饼干模具 高跟鞋

外部蛋糕胚（紫薯）

黄油……80g
砂糖……80g
鸡蛋……60g（1 个）
牛奶……10g
A 低筋面粉……100g
A 紫薯粉……15g
A 发酵粉……3g
A 柠檬汁……1 小勺
裱花嘴 圆口裱花嘴（直径约 1cm）

装饰

鲜奶油……适量→参考 p.18
银珠……适量
裱花嘴 星形裱花嘴（8 齿 6 号）

准备

○所有材料放至室温下。
○磅蛋糕模具中铺烘焙纸（参考 p.79）。
○ A 部分的材料混合过筛。
○烤箱预热至 170℃。
○将鲜奶油打发至七八分。

1. 按照 p.78“一心一意”中步骤 1 至步骤 7 的制作方法制作蛋糕内馅。
※ 步骤 5 省略。

2. 将做好的蛋糕内馅按需切数片，用高跟鞋切模做造型。为了防止变干，用保鲜膜包裹。

3. 先按照 p.79“一心一意”中步骤 10 到步骤 16 的方法制作外部蛋糕胚用的面糊，然后再按相同的要领将面糊挤入磅蛋糕模具内。
※ 加入柠檬汁成色会更好，但要等蛋液混入后再添加。

4. 将高跟鞋内馅轻轻放在面糊上，排成一列。

5. 沿着高跟鞋的形状挤入剩余的面糊，最后轻轻地平整表面。

6. 在预热的烤箱中烤制约 35 分钟，从模具中取出烤好的蛋糕，放在冷却架上，等待变凉。

7. 裱花袋与星形裱花嘴组合，装入鲜奶油。在做好的蛋糕上面挤出立体的星形图案，并用银珠点缀。

Dot Collection

三色圆点

Dot Collection

单色圆点

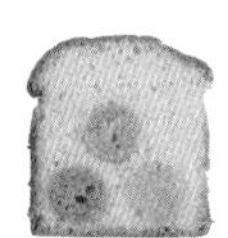

Dot Collection

三色圆点

难易度：★★☆☆☆

内含 3 种颜色圆点的磅蛋糕。3 种材料同时烤制，一口气就能拥有不同颜色的圆点。

材料（18cm×8cm×6cm 大小的磅蛋糕 1 个）

蛋糕内馅（草莓）

黄油……60g
砂糖……60g
鸡蛋……60g（1 个）
A 低筋面粉……75g
　草莓粉……10g
　发酵粉……2g
食用色素（圣诞红）……适量
模具 1 号圆形切割模具

蛋糕内馅（南瓜）

黄油……60g
砂糖……60g
鸡蛋……60g（1 个）
A 低筋面粉……75g
　南瓜粉……10g
　发酵粉……2g
模具 1 号圆形切割模具

蛋糕内馅（紫薯）

黄油……60g
砂糖……60g
鸡蛋……60g（1 个）
A 低筋面粉……75g
　紫薯粉……10g
　发酵粉……2g
柠檬汁……1 小勺
模具 1 号圆形切割模具

外部蛋糕胚

黄油……80g
砂糖……80g
鸡蛋……60g（1 个）
牛奶……10g
A 低筋面粉……80g
　发酵粉……3g
裱花嘴 圆口裱花嘴（直径约 1cm）

准备

○所有材料放至室温下。
○磅蛋糕模具中铺烘焙纸（参考 p.79）。
○ A 部分的材料混合过筛。
○烤箱预热至 170℃。

1. 按照 p.79“一心一意”中步骤 1 到步骤 7 的制作方法分别制作 3 种颜色的蛋糕内馅。

※ 制作南瓜和紫薯的面团时，要省略步骤 5。※ 紫薯面团加入柠檬汁成色会更好，但要等蛋液混合之后再加入。

2. 将做好的蛋糕内馅按需切数片，用 1 号圆形模具做造型。为了防止变干，用保鲜膜包好。

3. 先按照 p.78“一心一意”中步骤 10 到步骤 16 的方法制作外部蛋糕胚用的面糊，然后再按相同的要领将面糊挤入磅蛋糕模具中。

4. 将蛋糕内馅轻轻放在面糊上。排列时，先排两侧，中间隔开一列的位置，并且要将相同颜色的排在一起。

5. 在两列内馅的中间挤上面糊，然后在面糊上放置第三种颜色的蛋糕内馅。

6. 用面糊填满模具，平整表面。

7. 在预热的烤箱中烤制约 35 分钟，从模具中取出烤好的蛋糕，放在冷却架上，等待变凉。

Dot Collection

难易度：★☆☆☆☆

单色圆点

原色的圆点，配上彩色的外部蛋糕胚。想要挑战各种颜色。

抹茶 × 原色

材料（18cm × 8cm × 6cm 的磅蛋糕 1 个）

蛋糕内馅

黄油……60g

砂糖……60g

鸡蛋……60g（1 个）

A
- 低筋面粉……75g
- 发酵粉……2g

模具 1 号圆形切割模具

外部蛋糕胚（抹茶）

黄油……80g

砂糖……80g

鸡蛋……60g（1 个）

牛奶……10g

A
- 低筋面粉……95g
- 抹茶粉……5g
- 发酵粉……3g

裱花嘴 圆口裱花嘴（直径约 1cm）

准备

○所有材料放至室温下。

○磅蛋糕模具中铺烘焙纸（参考 p.79）。

○ A 部分的材料混合过筛。

○烤箱预热至 170℃。

制作方法

与“三色圆点”做法相同。但是蛋糕内馅只用原色，外部蛋糕胚用抹茶粉染色。

草莓 × 原色

材料（18cm × 8cm × 6cm 的磅蛋糕 1 个）

蛋糕内馅

黄油……60g

砂糖……60g

鸡蛋……60g（1 个）

A
- 低筋面粉……75g
- 发酵粉……2g

模具 1 号圆形切割模具

外部蛋糕胚（抹茶）

黄油……80g

砂糖……80g

鸡蛋……60g（1 个）

牛奶……10g

A
- 低筋面粉……100g
- 草莓粉……15g
- 发酵粉……3g

裱花嘴 圆口裱花嘴（直径约 1cm）

准备

○所有材料放至室温下。

○磅蛋糕模具中铺烘焙纸（参考 p.79）。

○ A 部分的材料混合过筛。

○烤箱预热至 170℃。

制作方法

与“三色圆点”做法相同。但是蛋糕内馅只用原色，外部蛋糕胚用草莓粉染色。

Twin Star

双子星

营造夜空中星光闪耀的感觉。一颗星星也可以。

材料（18cm×8cm×6cm 的磅蛋糕 1 个）

蛋糕内馅（南瓜）

黄油……60g

砂糖……60g

鸡蛋……60g（1 个）

A
- 低筋面粉……75g
- 南瓜粉……10g
- 发酵粉……2g

模具 星形模具（3.3cm×3.3cm）

外部蛋糕胚（可可）

黄油……80g

砂糖……80g

鸡蛋……60g（1 个）

牛奶……10g

A
- 低筋面粉……80g
- 可可粉……20g
- 发酵粉……3g

裱花嘴 圆口裱花嘴（直径约 1cm）

装饰

鲜奶油……约 80g →参考 p.18

裱花嘴 星形裱花嘴（8 齿 6 号）

准备

○所有材料放至室温下。

○磅蛋糕模具中铺烘焙纸（参考 p.79）。

○ A 部分的材料混合过筛。

○烤箱预热至 170℃。

○将鲜奶油打发至七八分。

1. 按照 p.78“一心一意”中步骤 1 至步骤 7 的方法制作蛋糕内馅。
※ 步骤 5 省略。

2. 将做好的蛋糕内馅按需切数片，用星形模具做造型。为了防止变干，用保鲜膜包好。

3. 按照 p.79“一心一意”中步骤 10 至步骤 16 的制作方法制作外部蛋糕胚用的面糊，然后再按相同的要领将面糊挤入磅蛋糕模具内。

4. 将星形内馅竖起，并排两列轻轻放在面糊上。

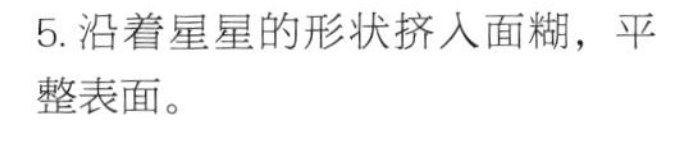

5. 沿着星星的形状挤入面糊，平整表面。

6. 在预热的烤箱中烤制约 35 分钟，从模具中取出烤好的蛋糕，放在冷却架上，等待变凉。

装饰

7. 裱花袋与星形裱花嘴组合，装入鲜奶油。在烤好的蛋糕上像画旋涡一样反复挤出漂亮的花纹。

KISS

Kiss Me

吻我

难易度：★☆☆☆☆

创意大胆的磅蛋糕，作为礼物相送估计会让对方心跳加速！

材料（18cm×8cm×6cm 的磅蛋糕 1 个）

蛋糕内馅（草莓）

黄油……60g

砂糖……60g

鸡蛋……60g（1 个）

A
- 低筋面粉……75g
- 草莓粉……10g
- 发酵粉……2g

食用色素（圣诞红）……适量

模具 唇形

外部蛋糕胚

黄油……80g

砂糖……80g

鸡蛋……60g（1 个）

牛奶……10g

A
- 低筋面粉……100g
- 发酵粉……3g

裱花嘴 圆口裱花嘴（直径约 1cm）

装饰

奶油奶酪……约 100g →参考 p.18

裱花嘴 星形裱花嘴（8 齿 6 号）

准备

○所有材料放至室温下。

○磅蛋糕模具中铺烘焙纸（参考 p.79）。

○ A 部分的材料混合过筛。

○烤箱预热至 170℃。

○制作奶油奶酪。

1. 按照 p.78“一心一意”中步骤 1 至步骤 7 的方法制作蛋糕内馅。
※ 步骤 5 省略。

2. 把做好的蛋糕内馅按需切数片，用唇形模具做造型。为了防止变干，用保鲜膜包好。

3. 按照 p.79“一心一意”中步骤 10 至步骤 16 的方法制作外部蛋糕胚用的面糊，然后再按相同的要领将面糊挤入磅蛋糕模具内。

4. 把唇形蛋糕内馅轻轻放在面糊上，排成一列。

5. 把面糊挤满模具，平整表面。

6. 在预热的烤箱中烤制约 35 分钟，从模具中取出烤好的蛋糕，放在冷却架上，等待变凉。

装饰

7. 裱花袋与星形裱花嘴组合，装入鲜奶油。在蛋糕上像画漩涡一样反复挤出漂亮的花纹。

half & half

Nightmare

噩梦来袭

难易度：★★☆☆☆

一个磅蛋糕中有猫和蝙蝠两种插图。先从哪个吃起呢？

材料（18cm×8cm×6cm 的磅蛋糕 1 个）

蛋糕内馅（可可）

黄油……60g
砂糖……60g
鸡蛋……60g（1 个）
A
- 低筋面粉……60g
- 可可粉……8g
- 黑可可粉……7g
- 发酵粉……2g

模具 猫形、蝙蝠形

外部蛋糕胚（南瓜）

黄油……80g
砂糖……80g
鸡蛋……60g（1 个）
牛奶……10g
A
- 低筋面粉……100g
- 南瓜粉……15g
- 发酵粉……3g

裱花嘴 圆口裱花嘴（直径约 1cm）

装饰

巧克力奶油……约 60g
→参考 p.19

准备

○所有材料放至室温下。
○磅蛋糕模具中铺烘焙纸（参考 p.79）。
○ A 部分的材料混合过筛。
○烤箱预热至 170℃。
○制作巧克力奶油。

1. 按照 p.78“一心一意”中步骤 1 至步骤 7 的方法，制作蛋糕内馅。
※ 步骤 5 省略。

2. 把做好的蛋糕内馅按需切数片，用猫形、蝙蝠形模具做造型。为了防止变干，用保鲜膜包好。
※ 模具狭窄细小的地方借助竹签或者筷子来拔，蛋糕胚不容易变形、破裂。

3. 参考 p.79“一心一意”中步骤 10 至步骤 16 的方法制作外部蛋糕胚用的面糊，然后再按相同的要领将面糊挤入蛋糕模具内。

4. 猫形、蝙蝠形蛋糕内馅放在面糊上，各占一半排成一列。

装饰

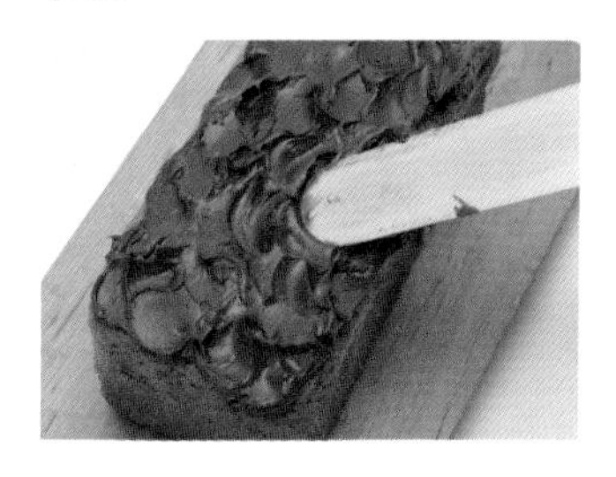

5. 在烤好的蛋糕上放适量巧克力奶油，用抹刀吧嗒吧嗒拍成不规则花纹。

Column
2

用剩余的蛋糕胚制作

捉迷藏杯形蛋糕

手掌大小的捉迷藏蛋糕，切开后会出现蘑菇和房子的图案。
蛋糕内馅用剩余的海绵蛋糕胚或者黄油蛋糕胚制作。

材料

黄油……80g
砂糖……80g
鸡蛋……60g（1 个）
牛奶……10g
A｜低筋面粉……100g
 ｜发酵粉……3g

蛋糕内馅
（海绵蛋糕胚）

剩余的海绵蛋糕胚……适量
黄油奶油……分量约为蛋糕胚的 40%

（黄油蛋糕胚、磅蛋糕）

剩余的黄油蛋糕胚、磅蛋糕……适量
黄油奶油……分量约为蛋糕胚的 15%
裱花嘴 圆口裱花嘴（直径约 1cm）

蛋糕内馅

蘑菇→棕色、红色
可可粉……适量
食用色素（圣诞红）……适量
房子→ 橙色、红色
食用色素（橙色）……适量
食用色素（圣诞红）……适量

准备

○所有材料放至室温下。
○杯形蛋糕模具中铺纸托（参考 p.79）。
○ A 部分的材料混合过筛。
○烤箱预热至 170℃。

蛋糕内馅

1. 用剩余的蛋糕胚制作蛋糕屑，并与黄油奶油混合（参考 p.44）。

2. 将做好的面糊四等分，逐个染色，并注意观察颜色的变化。

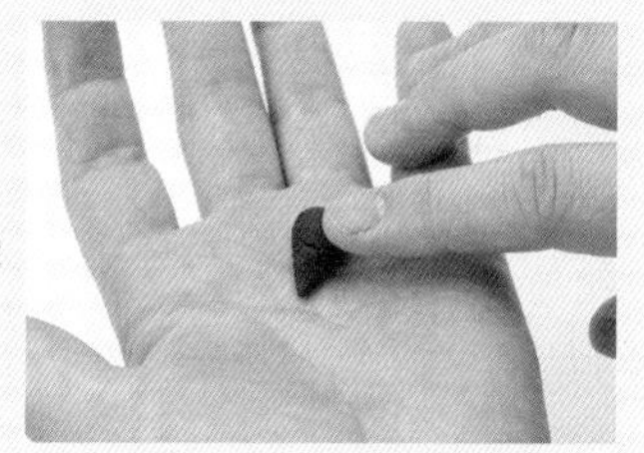

3. 用手指捏出蘑菇和房子的造型。为了防止变干，用保鲜膜包好。

蛋糕内馅的形状

4. 用橡胶刮铲将黄油搅拌至没有结块。

5. 加入砂糖，用电动打蛋器将材料打至发白蓬松为止。

6. 每次加入少量的蛋液，混合搅拌均匀。

7. 加入一半 A 部分的材料，用橡胶刮铲搅拌均匀。

8. 剩少许粉气时加入牛奶。

9. 将剩余的 A 部分材料全部加入，搅拌至没有粉气、面团光亮平滑为止。

10. 裱花袋与裱花嘴组合，挤入面糊，挤到杯形蛋糕模具底部，厚度不超过 1cm。

11. 将步骤 3 中的蛋糕内馅放入杯中。蘑菇造型要先放菇柄，房子造型要先放圆柱形。

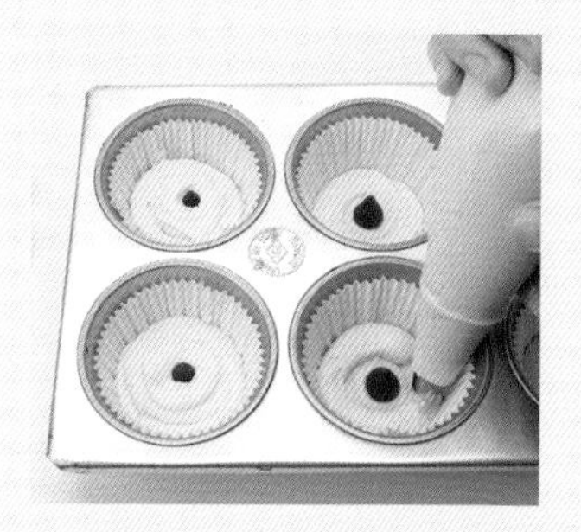

12. 挤入外部蛋糕胚用的面糊并将蛋糕内馅的周边填满。

13. 再将菇伞轻轻按压放上，房子造型将屋顶部分轻轻按压放上。

14. 最后，挤入外部蛋糕胚用的面糊，将蛋糕内馅完全掩盖。在预热的烤箱中烤制约 25 分钟。

Pattern

纸制模具

与 PART4 插图磅蛋糕中使用的金属模具形状、大小完全相同。

如果身边没有金属模具，请用纸质造型模具代替。

复印之后剪下来，放在蛋糕胚上，

沿着造型的轮廓用小刀切开蛋糕胚。

→ p.78 一心一意

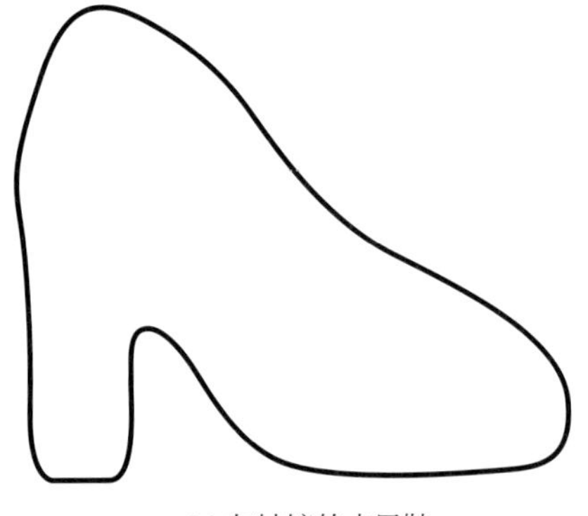

→ p.81 灰姑娘的水晶鞋

→ p.87 双子星

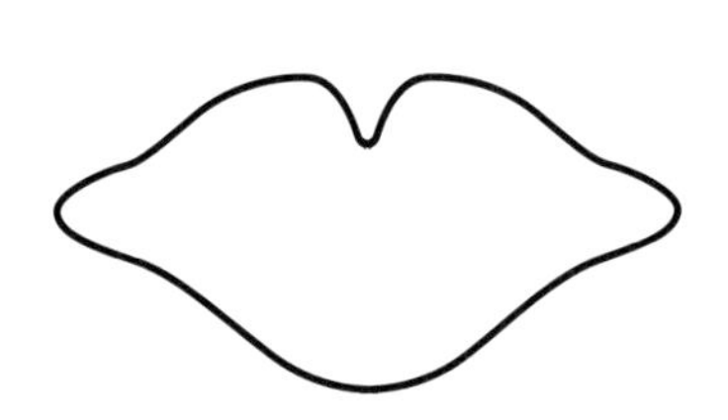

→ p.89 吻我

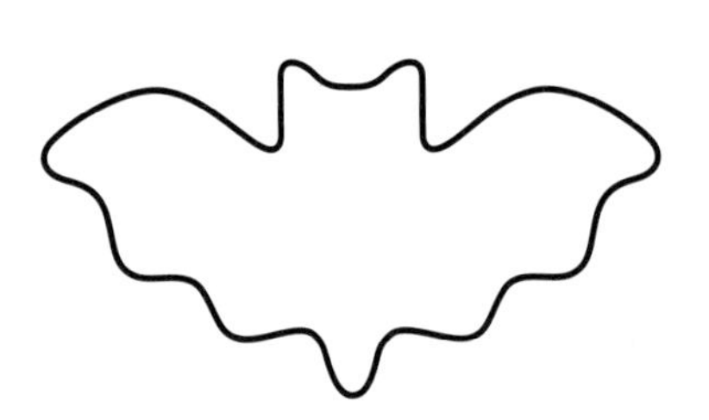

→ p.91 噩梦来袭

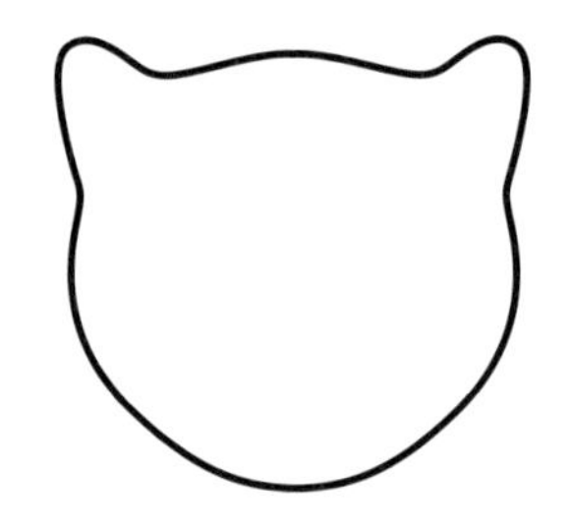

→ p.91 噩梦来袭

结束语

从以前开始就特别喜欢“令人心动的蛋糕”。

这次为大家介绍的是有那么一丝神秘感的蛋糕。

切开之后呈现出可爱的主题图案和丰富的色彩，甚至味道也是变化多样的……

这样令人惊喜的蛋糕，不仅是视觉上的盛宴，同时也能激发人想做美食的欲望。

蔬菜或者水果制成的粉末，会增添些许淡淡的颜色和味道。如果想要鲜艳的色彩，也可以加入食用色素。

那样的主题图案，这样的主题图案，颜色的相互配合，味道的相互组合……充分发挥想象力，把“令人心动”作为重要的事项来好好考虑。

正因为是自己制作，所以我想能不能做一些平时买不到的蛋糕。

用天马行空的想象来制作蛋糕是一件非常开心的事情。

翻看书页欢喜雀跃的时候，不知道该做哪个苦恼的时候，实际操作的时候，切开蛋糕时的惊喜以及品尝蛋糕时的笑容………能让拥有这本书的读者从中得到快乐，是我最开心的事。

下迫绫美

图书在版编目（CIP）数据

捉迷藏蛋糕 /（日）下迫绫美著；郭晓瑞译．-- 青岛：青岛出版社，2017.5
ISBN 978-7-5552-5125-5

Ⅰ．①捉… Ⅱ．①下… ②郭… Ⅲ．①蛋糕—制作
Ⅳ．① TS213.23

中国版本图书馆 CIP 数据核字 (2017) 第 067122 号

NAKAKARA HAPPY SURPRISE! KAKURENBO CAKE © Ayami Shimosako 2015
Original Japanese edition published in 2015 by Nitto Shoin Honsha Co., Ltd.
Simplified Chinese Character rights arranged with Nitto Shoin Honsha Co., Ltd.
Through Beijing GW Culture Communications Co., Ltd.

山东省版权局著作权合同登记号 图字：15-2016-155

书　　名　捉迷藏蛋糕
著　　者　（日）下迫绫美
译　　者　郭晓瑞
出版发行　青岛出版社
社　　址　青岛市海尔路 182 号（266061）
本社网址　http://www.qdpub.com
邮购电话　13335059110　0532–85814750（传真）　0532– 68068026
责任编辑　杨成舜
特约编辑　刘　冰
封面设计　祝玉华
内文设计　张采薇　刘　欣　林文静　时　潇
印　　刷　青岛名扬数码印刷有限责任公司
出版日期　2017 年 6 月第 1 版　2017 年 6 月第 1 次印刷
开　　本　16 开（787mm × 1092mm）
印　　张　6.25
字　　数　50 千
印　　数　1 - 6000
书　　号　ISBN 978-7-5552-5125-5
定　　价　39.00 元

编校印装质量、盗版监督服务电话　4006532017　0532–68068638
建议陈列类别：美食